高等教育“十三五”部委级规划教材

分析化学实验

东华大学化学化工与生物工程学院分析化学教研室　编著

邵超英　刘栋良　刘慧青　主编

東華大學出版社 · 上海

前　言

分析化学实验是化学化工类专业的重要基础课程之一。学生通过该课程的学习，不仅能加深对分析化学基础理论的理解，了解分析仪器的基本构造，掌握基本的实验技能及其操作方法，掌握运用各种分析方法解决实际问题的能力，而且能在训练实践技能的同时，培养实事求是的科学态度和严谨的工作作风。

本教材是在《基础化学实验》教材的基础上改编而成的。编写过程中主要侧重于以下几方面的工作：(1) 为顺应科学技术的发展，对原有教材的内容进行了修改，删除或修改了部分陈旧和对环境污染较大的实验内容，增加了一些新实验；(2) 为规范学生的实验操作，增加了分析化学实验的基础知识和主要分析仪器的基本操作规程；(3) 增加了数据处理和分析结果表达内容；(4) 增加了预习报告和实验报告。

全书内容如下：

1. 分析化学实验基础知识和实验数据的处理。本部分介绍了分析化学实验的基础知识和称量、标准溶液配制、滴定等基本操作，以及如何对实验结果进行处理与正确评价。

2. 化学分析实验部分。包括滴定分析法、重量分析法、电化学分析法和光学分析法等方法的基本原理和应用，以及一些常见的分离与富集方法和实际样品的处理过程。

3. 仪器分析实验部分。包括色谱分析、光谱分析等分析方法的基本原理、应用和仪器使用。

4. 综合性实验。

全书共有35个实验，根据实验内容分为三个层次，即验证性实验、综合性实验和设计性实验。旨在通过基本操作练习实验与基础实验，使学生掌握实验的原理和基本操作技能；通过综合性、设计性实验，培养和训练学生的独立实验能力、综合运用知识进行研究工作的能力和解决实际问题的能力。

参加本教材编写工作的有：刘栋良（绪论，第一、二章，实验5、12～14、19）；石国英（实验1、2、8、15）；光善仪（实验3、9、21、25）；黄芳（实验4、11、16～18）；徐中其（实验6、26）；邵超英（实验7、10、23、24、34、35）；张煊（实验20、22）；刘慧青（实验27、28、29～33）。主要分析仪器的操作规程由刘慧青编撰。全书最后由邵超英统稿。

由于编者水平有限，书中难免疏漏、错误之处，敬请读者批评指正。

编者

2017年于东华大学

目 录

绪　论

分析化学实验的目的

分析化学是以实验性和应用性为主要特征的一门化学基础课程，分析化学实验是其教学体系的重要构成要素。该课程的主要目的为：

1. 使学生加深对分析化学理论知识的理解，正确使用各种分析方法及其实验条件，并能应用实验验证和发展理论。

2. 培养学生熟练掌握分析化学相关的基本实验技能，正确使用分析仪器，提高学生的实践技能。

3. 培养学生严谨、认真和实事求是的工作态度和勇于探索的科学精神，提高学生分析问题和解决问题的工作能力。

4. 使学生掌握正确表达分析结果和实验误差的能力。

5. 培养学生安全意识、规范操作意识和环境保护意识。

分析化学实验的基本要求

为了达到分析化学实验课程的教学目的，有效训练和提高学生的实践技能和创新能力，在本课程的学习过程中应做到以下几点：

1. 实验前充分预习。认真阅读实验讲义和参考书中的相关内容，了解实验的目的、原理、相关实验步骤和注意事项，以及实验的结果计算等，完成实验的预习报告。

2. 实验操作严格规范。遵守实验室的各项规章制度，提前做好实验用仪器的洗涤等准备工作，以严肃、认真、细致和实事求是的科学态度，在指导教师的指导下有序地进行实验。实验中应保持实验区安静整洁，确保实验顺利、安全地进行。

3. 如实、准确地记录实验数据。仔细观察实验现象，将全部测量数据和实验现象及时记录在专用的实验记录本上。记录时应注意：

(1) 记录本的页码应编号，不得随便撕去。不能将原始数据随意记录在小纸片上，以免丢失。记录应清楚标明实验名称和实验日期，以备查阅。

(2) 要养成及时记录的良好习惯，所有数据必须即刻用黑色笔记录，并应力求简洁、清楚。个别数据不小心记错时，可将其划去（不是涂改），并在该处的上方记录修正的数据。应尽量避免重新誊写，以减少差错率。

（3）记录测量的数据应符合有效数字原则。

4. 正确处理分析数据。不得随意取舍和臆造实验数据。应根据有效数字的计算原则，正确表达实验结果和分析误差。一般要求平行实验数据间的相对偏差不超过 0.2%，对于复杂试样的分析及设计性实验等偏差要求可适当放宽。

5. 实验完毕，认真书写实验报告，总结和讨论实验中出现的问题，完成思考题。严禁抄袭和篡改实验数据和报告。

实验室安全守则

1. 熟悉实验环境，了解与安全相关的设施（如水、电、煤气开关、消防用品、喷淋装置、急救箱等）的位置和使用方法。进行实验时应穿实验服，佩戴防护眼镜。不宜穿短裤、裙子和拖/凉鞋，女生不留披肩长发。

2. 实验室内严禁饮食、吸烟、嬉戏打闹。实验结束须洗手，必要时应漱口。

3. 使用浓酸、浓碱等具有强腐蚀性的试剂时应佩戴防护手套和防护眼镜，切勿溅在皮肤和衣服上；稀释浓硫酸时，应边搅拌边缓慢地将硫酸倒入水中，严禁逆向操作；使用挥发性、刺激性气体的试剂，须在通风橱内进行；在气温高的情况下，打开装有易挥发性试剂的密封瓶时，应先将试剂瓶在冷水中冷却后再进行操作；以嗅觉鉴别物料时，务必使用招气入鼻的方法，严禁直接去嗅。

4. 使用苯、丙酮、三氯甲烷等有机溶剂时，切记远离火源和热源。使用完毕应立即将试剂瓶盖严，于阴凉处保存。

5. 使用煤气灯时，应先将风门调小，再点火，开煤气，最后调节风量至火焰完全燃烧。进行加热等工作时，不能擅自离开。能产生腐蚀性气体的物质或易燃物质不得直接用煤气灯或在烘箱内加热。加热完毕应先关闭煤气阀门至火焰完全熄灭，再关闭风门。

6. 进行盐酸加热溶解碳酸钙、高锰酸钾加热等实验操作时，不得将烧杯口、试管口、坩埚口等对着人，防止由于气体、液体等冲击造成伤害事故。

7. 勿用湿手开启电闸或电器设备开关，以防触电。电器设备使用完毕，应及时切断电源。

8. 实验产生的各类重金属废液、腐蚀性废液和有机废液，应根据其性质分类并回收，再请专业公司集中统一处理。少量酸、碱等废液可在中和至中性后直接排放。碎玻璃仪器和空试剂瓶需经自来水洗净后放入指定回收处，不得随意倒入废物桶。

10. 实验结束后，值日生负责对整个实验室进行清扫，检查并关闭水、电、煤气总开关及门窗。

实验室意外事故的处理

玻璃割伤：若伤口内有异物应先取出，然后清洗干净，用止血绷带包扎。伤势较重时，包扎后应立即送医院治疗。

烫伤：一旦被火焰、蒸汽、红热玻璃、铁器等烫伤，轻者可用10%高锰酸钾溶液擦洗伤处，撒上消炎粉，烫伤处涂烫伤膏，重者需送医院救治。

被强酸灼伤：先用大量水冲洗，再用饱和碳酸氢钠溶液或稀氨水冲洗，最后再用水冲洗。酸液溅入眼内时，需先用大量水冲洗，再用1%碳酸氢钠溶液冲洗，最后用去离子水冲洗。必要时送医治疗。

被强碱灼伤：先用大量水冲洗，再用1%硼酸或2%醋酸溶液冲洗，最后用水冲洗后敷上硼酸软膏。碱液溅入眼睛时，先用大量水冲洗，再用1%硼酸溶液冲洗，最后用去离子水冲洗。必要时送医院治疗。

触电：一旦有人触电，应立即切断电源，并尽快用绝缘物（如竹竿、干木棒等）将触电者与电源隔开。必要时可进行人工呼吸或送医治疗。

火灾：如实验室发生火灾，应立即采取灭火措施并防止火势蔓延（如切断电源、移走易燃药品等）。根据起火原因的不同采取适当的灭火措施：一般的小火可用湿布、石棉布或沙子覆盖燃烧物；火势大时可使用泡沫灭火器；电器设备引起的火灾，只能使用四氯化碳灭火器；实验人员衣服着火时，切勿惊慌乱跑，应赶快脱下衣服，或用石棉布覆盖着火处或就地卧倒打滚。必要时，拨打电话119求救。

第一章　分析化学实验的基础知识和基本操作

第一节 化学试剂的规格及取用

一、化学试剂的规格

化学试剂是供化学试验、化学分析及相关研究使用的化合物或单质，一般按纯度（杂质含量）划分试剂规格。我国根据化学药剂的质量标准和适用范围，将化学试剂分为三个级别，详见表 1-1。

表 1-1　化学试剂的纯度分级和适用范围

级别	名称	代号	试剂瓶标签颜色	适用范围
一级	优级纯	GR	绿色	痕量分析、精密分析和科学研究
二级	分析纯	AR	红色	一般定性、定量分析和科学研究
三级	化学纯	CP	蓝色	一般的化学合成和实验教学

除上述级别外，按照化学试剂的用途还可将其分为基准试剂、光谱纯试剂、色谱纯试剂、实验试剂、指示剂等，使用时请注意选择。

二、试剂的取用

（一）固体试剂的取用

1. 取用试剂应使用洁净、干燥的药勺，直接或以减量法称量，以免沾污试剂。

2. 一般的固体试剂可在称量纸上称量。具有腐蚀性、强氧化性或易潮解的试剂要用小烧杯、表面皿、称量瓶等装载后进行称量，以免腐蚀天平。根据称量精确度的要求，可分别选择台秤和分析天平称量试剂。

3. 称量试剂时，要严格按量取用药品。一旦取多可放入指定容器内或给他人使用，一般不允许倒回原试剂瓶中，以免污染瓶内试剂。

4. 往试管（特别是湿的试管）中加入固体试剂时，可用药勺或将取出的药品放在对折的纸片上，伸进试管的 2/3 处。加入块状固体试剂时，应将试管倾斜，使其沿管壁慢慢滑下，以免碰破管底。

5. 称取有毒性的药品时要做好防护措施，如戴好口罩、手套等。

6. 试剂取用完毕应立即盖紧试剂瓶盖，防止其与空气中的氧气等发生化学反应或潮解。

（二）液体试剂的取用

1. 要保证实验试剂标签的完整。倾倒液体试剂时，应用右手握住试剂瓶上贴标签的一面，左手拿住容器（量筒、试管等），逐渐倾斜试剂瓶，倒出所需试剂量。试剂瓶中的试剂一经倒出，严禁倒回。取用具有腐蚀性、挥发性及毒性试剂时应在通风橱内进行，并做好安全防护措施。

2. 从细口瓶中取用液体试剂时，一般采用倾注法。先将瓶塞取下仰放在实验台上，直接倒出所需试剂后，将试剂瓶口在容器上靠一下，再逐渐竖起瓶子，以免遗留在瓶口的试剂滴流到瓶的外壁。取少量液体试剂时，则需使用专用滴管。

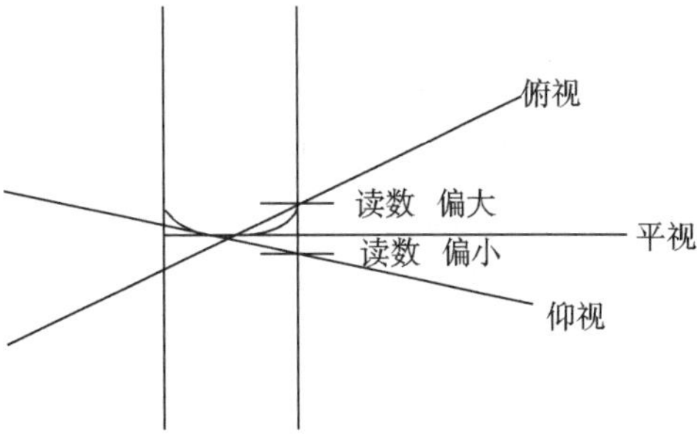

图 1-1　俯视与仰视引起的偏差

3. 从滴瓶中取液体试剂时，要使用滴瓶中的专用滴管。装有药品的滴管不得横置或将滴管口向上斜放，以免试剂流入滴管的胶皮帽中，腐蚀胶皮帽；不可将滴管伸入所用容器内，以免接触容器壁而玷污药品。

4. 需定量取用液体试剂时，可根据实验误差的要求，选择用合适容积的量筒或移液管量取。需取用准确试剂量时必须使用移液管。量取液体试剂时，应使视线与量筒内液体弯月面的最低处保持水平，偏高或偏低都会因读数不准而造成误差（如图 1-1）。

第二节　电子天平的使用及称量方法

一、电子天平的使用

电子天平是精确测定物质质量的计量仪器，基于电磁力平衡原理实现物质的称量。根据称量的精确度，一般将其分为电子天平（精度 0.1 g）和电子分析天平（精度 0.1 mg 或 0.01 mg）。使用时应根据实验要求、最大称取量等进行合理的选择。

（一）YP-601N 型电子天平的使用

YP-601N 型电子天平（图 1-2），可精确称至 0.1 g，称量范围为 0～600 g，用于精度要求不高的称量。使用方法如下：

1. 开机：接通电源，按开关键直至全屏自检。

2. 校正：首次使用天平必须进行校正。在秤盘上不加任何物体的情况下，长按“置零/校准”键直至显示屏出现“—CAL—”字符，待显示屏显示“校准砝码值”后，将对应重量值的标准砝码放入秤盘中间，显示屏显示“——”进入校准状态，待显示屏显示与校准砝码相同的重量值后，校准完毕。若校准后发现称量不准确时，应按上述步骤重新进行校准。

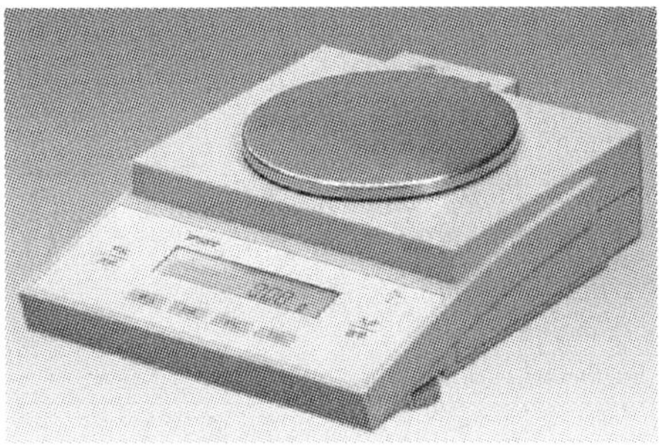
图 1-2　YP－601N 型电子天平

3. 称量：使用“置零/校准”键，除皮清零后，放置样品进行称量。

4. 关机：称量结束，按“开/关”键关闭天平。长期不用时应拔出电源适配器插头。

（二）梅特勒 ME 204E 型电子分析天平的使用

梅特勒 ME 204E 型电子分析天平（图 1-3）的精度为 0.1 mg，最大称量重量 220 g。使用方法如下：

1. 调水平：调整水平调节脚，使水平仪内气泡位于水平仪中心（圆环中央）。

2. 开机：接通电源，按“on/off”键，当显示器显示“0.0000 g”时，电子称量系统自检过程结束。

3. 称量：将称量物放入称量盘中央，关闭天平门。待显示器读数稳定后，读取称量物的质量。

4. 去皮：将空容器放在称量盘中央，按“O/T”键清零去皮。将称量物放入容器中，待显示器读数稳定后，读取称量物的质量。

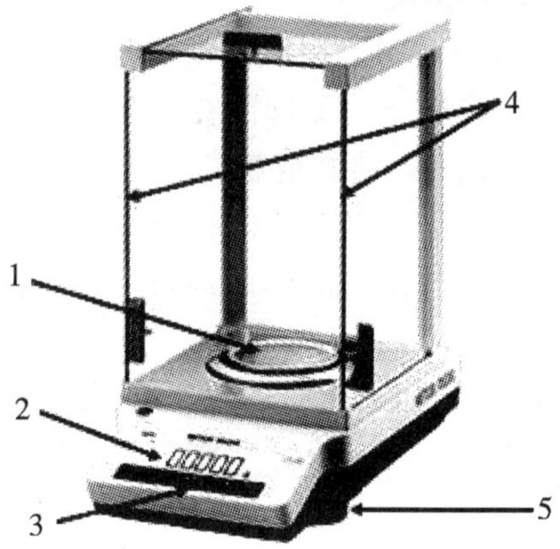

1–秤盘；2–显示屏；3–操作键；
4–天平门；5–水平调节脚

图 1-3　电子分析天平

5. 关机：称量完毕，长按“on/off”键，关闭显示器，此时天平处于待机状态，若长时间不使用，应拔下电源插头。

二、称量方法

根据不同称量对象和实验要求，需采用相应的称量方法和操作步骤。常用的称量方法主要包括直接称量、固定质量称量和递减称量法。

1. 直接称量法

此法是将称量物直接放在电子天平盘上，直接称量其质量。如称量小烧杯的质量；重量分析中称量某坩埚的质量等。该法适于称量洁净干燥、不易潮解或升华的固体试样。

2. 固定质量称量法

也称增量法，用于称量固定质量的某试剂（如基准物质）或试样。本方法的称量操作速度很慢，适于称量稳定的粉末或小颗粒状样品，以便于调节称取质量。注意：若加入的试剂量不慎超过指定质量，可小心取出多余试剂。一般情况下，从试剂瓶中取出的试剂不应再放回原试剂瓶中，以免造成原试剂沾污。称好的试剂必须定量转入接受容器中。

3. 递减称量法

又称减量法，适于称量一定质量范围的样品或试剂，通常用于易吸水、易氧化或易与 CO_2 等反应的物质的称量。称量步骤如下：

借助小纸条/纸片从干燥器中取出已装入适量试样的称量瓶（注意：勿用手直接接触称量瓶和瓶盖），放入称量盘中央，称出称量瓶及试样的准确质量。将称量瓶从天平上取出，用小纸条/纸片夹住瓶盖柄，打开瓶盖，在接收容器的上方倾斜瓶身，用称量瓶盖轻敲瓶口上部，使试样慢慢落入容器中（注意：始终保持瓶盖位于接受器上方，见图 1-4）。当倾出的试样接近所需样量时，一边继续用瓶盖轻敲瓶口，一边逐渐将瓶身竖直，使粘附在瓶口上的试样落回称量瓶，盖好称量瓶盖，准确称出其质量。两次称量质量之差即为称取试样的质量。

依上述方法连续递减，可称取多份试样。有时一次很难得到符合要求质量范围的试样，可重复上述称量操作 2～3 次。

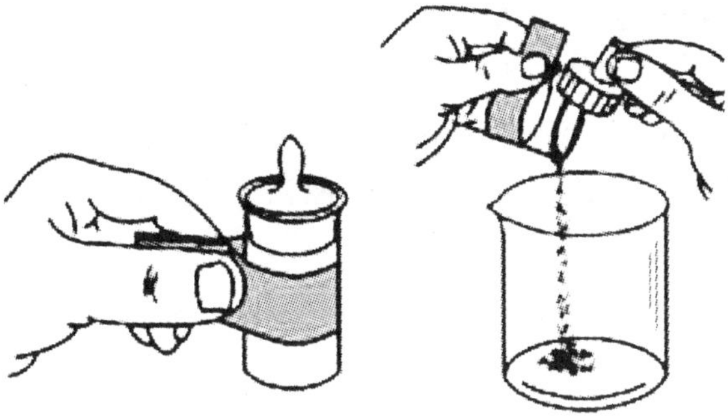

图 1-4　减量法称量示意图

三、使用电子天平的注意事项

1. 应将天平置于稳定的工作台上，避免震动、阳光照射及气流。

2. 天平使用前应检查是否水平放置，并按说明书要求进行预热。

3. 清零和读取称量读数时均应关好天平门。称量物品应遵循逐次添加原则，轻拿轻放，不可用力按压天平盘；须将称量物品置于秤盘中心；称量物不可超出天平称量范围，以免损坏天平。

4. 对于过热或过冷的称量物，应置于干燥器中待其温度与室温一致方可称量。

5. 称量易挥发和具有腐蚀性物品时，要将其盛放在密闭容器中，以免腐蚀和损坏电子天平。若有液体滴于称盘上，应立即用吸水纸轻轻吸干。

6. 使用完毕应对天平内、外部及周围区域进行清理，不可将待称量物长时间放置于天平上。应用软布对其进行清洁，并保持天平处于干燥环境。

第三节　标准溶液及配制方法

标准溶液是滴定分析的滴定剂，待测组分的含量需通过标准溶液的浓度及用量计算，因此，正确配制标准溶液并准确测定其浓度，对滴定分析的准确性至关重要。根据试剂性质的不同，标准溶液的配制一般采用下列两种方法。

一、直接配制法

准确称取一定量的物质，溶解后，在定量容器中稀释至一定体积。根据该物质的质量和溶液的容积，即可计算出溶液的浓度。

用直接法配制标准溶液的物质，必须具备下列条件：

1. 物质具有较高纯度，要求纯度≥99.9%。

2. 物质的组成必须与化学式相吻合（包括结晶水的含量）。

3. 性质稳定。

符合上述条件的物质被称为“基准物质”或“基准试剂”，可直接配制成标准溶液。为了降低称量误差，通常还要求基准物质具有较大的摩尔质量。此外，基准物还应易溶且价廉易得。常用的基准物包括 Na_2CO_3、$Na_2B_4O_7 \cdot 10H_2O$、$CaCO_3$、$H_2C_2O_4 \cdot 2H_2O$、$Na_2C_2O_4$、$K_2Cr_2O_7$、邻苯二钾酸氢钾等。

但是大多数情况下，用来制备标准溶液的物质无法满足上述要求，如盐酸挥发、氢氧化钠中含有水分和碳酸钠等。这些物质的标准溶液就不能使用直接法进行配制。

二、间接配制法

间接配制法又称标定法。该法是先粗略称取一定量物质或量取一定体积的试剂，配制成近似于所需要浓度的溶液，再用基准物质或另一种物质的标准溶液，用滴定分析法测定该溶液的浓度。这种测定标准溶液浓度的过程被称为标定。标定必须重复几次（至少 3 次），最后取其平均值。

第四节　滴定分析主要仪器及其操作方法

滴定分析使用的玻璃仪器主要包括滴定管、移液管、容量瓶等可准确测量溶液体积的仪器，以及锥形瓶、量筒、烧杯等非定容仪器。

一、玻璃器皿的清洗

实验用玻璃器皿必须洁净。洗涤玻璃器皿时，应根据实验性质、要求以及仪器上沾污物的性质选择合适的洗涤方法。一般采用清洁剂（洗洁精、洗衣粉、去污粉、洗液、有机溶剂等）、自来水、去离子水清洗的顺序，以少量多次为原则进行洗涤。以器壁不挂水珠为洗涤标准。

1. 洗洁精、洗衣粉、去污粉等一般用于可用毛刷直接刷洗的仪器，如烧杯、锥形瓶、试剂瓶等。

2. 对于不便于使用毛刷的仪器，如滴定管、移液管、容量瓶等，可用洗液进行清洗。

3. 氯仿、乙醚、乙醇等有机溶剂可用于油脂类污物仪器的洗涤。

二、滴定管及操作方法

滴定管是用于滴加标准溶液并确定溶液体积的计量玻璃仪器。其上部为带有刻度的细长玻璃管，下端为滴液的尖嘴，一般分为酸式滴定管和碱式滴定管两种。酸式滴定管可用于酸性、中性及氧化性的标准溶液，下端有一个控制滴液流速的玻璃旋塞；碱式滴定管的下端为带一个玻璃珠的乳胶管连接的尖嘴玻璃管，适宜装碱性的滴定剂。

滴定管按照容积又被分为常量、半微量和微量滴定管。常用的常量滴定管的容积为 50 mL，最小刻度为 0.1 mL，读数时可读至 0.01 mL。每次滴定消耗溶液的体积最好控制在 20 mL 以上，以减小滴定管的读数误差。

滴定管在使用的过程中，需经洗涤、涂油、试漏、赶气泡等准备步骤后才能开始滴定，主要步骤的操作方法如下：

1. 查漏和涂油

酸式滴定管：查漏时需将经洗涤洁净的滴定管旋塞关闭，装入去离子水至零刻度以上，然后夹在滴定管架上直立约 2 min，仔细观察液面是否下降、滴定管下端有无滴水及旋塞缝隙是否渗水。然后将旋塞转动 180°，再同上进行观察。

为使酸式滴定管的旋塞转动灵活并防止其漏水，需在旋塞与塞套内壁涂少许的凡士林作润滑剂。涂凡士林时，通常是将旋塞取出、拭干，在旋塞两端沿圆周涂一薄层凡士林（图 1-5），然后将旋塞插入塞套中，向同一方向旋转旋塞至其呈均匀透明状，再在旋塞尾端套一橡皮圈，使之固定。注意凡士林不能涂得太多，否则易使旋塞中的小孔或滴定管尖堵塞。

碱式滴定管：查漏时，应检查橡胶管是否老化，玻璃珠大小是否合适等。

若为带聚四氟乙烯旋塞的通用型滴定管，则仅通过调节螺丝松紧即可。

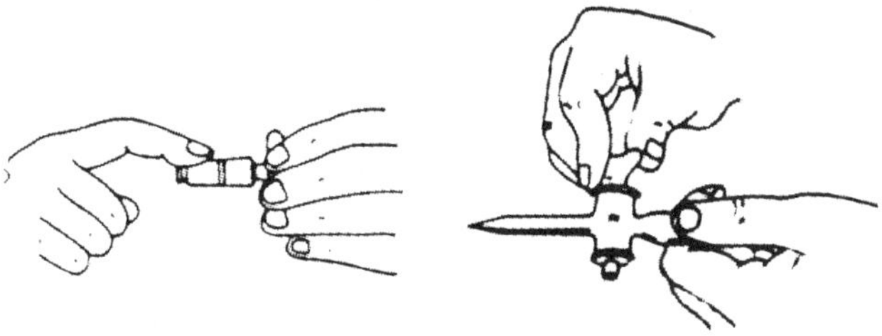

图 1-5　涂凡士林

2. 装溶液与排气泡

将标准溶液摇匀，润洗滴定管内壁 3 次（每次 10～15 mL）后，将溶液直接倒入滴定管至零刻度以上。检查酸式滴定管尖嘴处和碱式滴定管橡胶管内是否有气泡。

酸式滴定管的气泡，可用右手拿滴定管并使滴定管倾斜约 30°，左手迅速打开旋塞使溶液冲出排除。

排除碱式滴定管的气泡时，可将装满标准溶液的滴定管置于滴定管架上，用左手的拇指和食指捏住玻璃珠部位稍上端，将橡胶管向上弯曲，尖嘴倾斜向上，用力挤捏橡胶管，使溶液从管口喷出，除去气泡（如图 1-6）。气泡排出后，左手应边挤捏橡胶管，边将橡胶管放直，待橡胶管放直后才能松开拇指和食指，否则气泡排不干净。

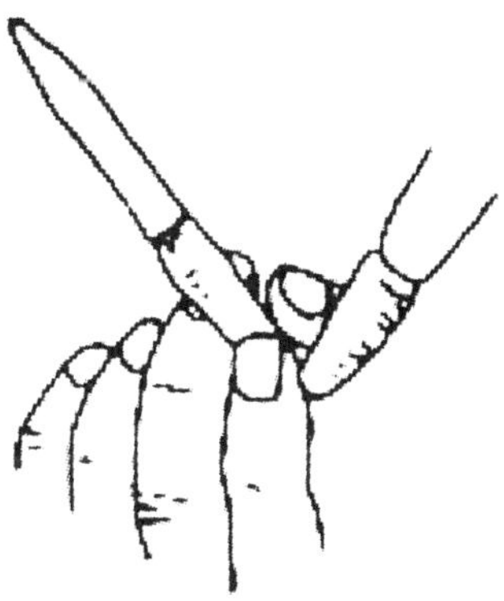

图 1-6　碱式滴定管赶气泡

3. 滴定操作

排气后，补加标准溶液至零刻度以上，然后调节液面至零刻度附近，读取读数。

使用酸式/通用滴定管滴定时，用左手控制活塞，拇指在前，食指和中指在后，握持活塞柄，无名指与小指弯曲在活塞下方和滴定管之间的直角内。转动活塞时，手掌微曲，中心要空（如图 1-7）。滴定时应注意手心不要向外顶，以免活塞松动造成漏液。

使用碱式滴定管操作时，应用左手的拇指和食指捏挤橡胶管，将玻璃珠向另一边挤压，管内形成缝隙，使溶液流出（如图 1-8）。注意不能用力捏玻璃珠，不能使玻璃珠上下移动；不能挤捏玻璃珠下端的橡胶管，否则松开手时会有空气进入玻璃管形成气泡。

滴定时要边摇溶液边进行滴定，以使滴定剂与待测物迅速反应。在锥形瓶中滴定时，应用右手的拇指、食指和中指夹住锥形瓶的颈部，使瓶底离台面高 2～3 cm，将滴定管尖嘴深入瓶内约 1 cm 处，按顺（或逆）时针方向边摇边滴（如图 1-7）。在烧杯中滴定时，应将烧杯放在滴定台上，右手持玻璃棒边搅拌溶液边滴定（如图 1-8），搅拌时应注意玻璃棒不要碰到烧杯壁和底部。

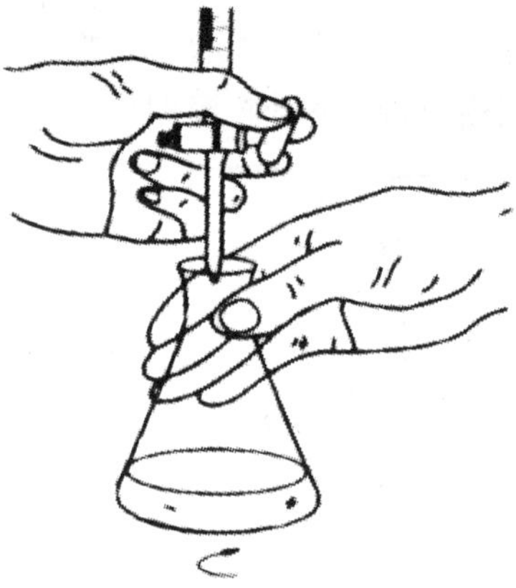

图 1-7 在锥形瓶中滴定的操作姿势

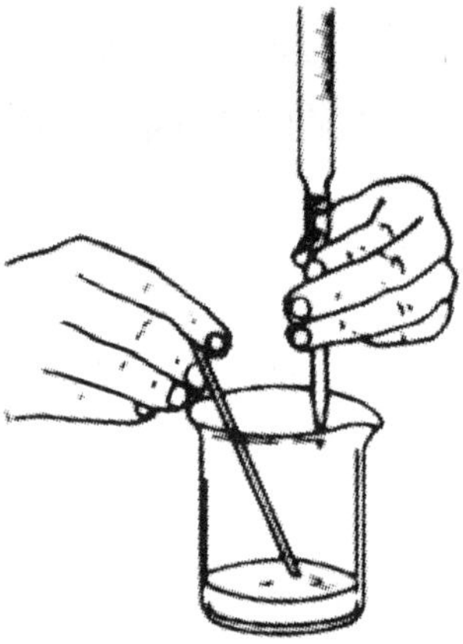

图 1-8 在烧杯中滴定的操作姿势

滴定过程中应该注意以下几点：

（1）每次滴定尽量从零刻度附近开始，以减小滴定误差。

（2）滴定过程中，要注意观察溶液滴落点周围颜色的变化，左手始终不离旋塞，控制滴定速度。

（3）掌握逐滴滴加、以及加半滴溶液的技术。

4. 滴定管的读数

读数应遵守以下原则：

（1）注入或放出溶液后，需等待 30 s～1 min 才能读数（使附着在内壁上的溶液流下）。

（2）应将滴定管从滴定管架上取下，用右手拇指和食指捏住滴定管上端无刻度处使其保持垂直后读数。

（3）对于无色溶液或浅色溶液，读数时应读溶液弯月面下沿实线的最低点（带有蓝线的滴定管，读数时应读两个弯月面在蓝线上的相交点）；当溶液为深色，无法观察下沿时，可以读液面两侧最高点。注意“初读”与“终读”应采用同一标准。

（4）读数时，视线须与读数位置如弯月面处于同一水平面，如图 1-1 所示。

（5）常量滴定管应读至 0.01 mL 位，最后一位须估读。

三、移液管、吸量管及其使用

移液管和吸量管（见图 1-9）是准确量取小体积试液或液体试剂的计量器具。移液管又称单标线吸量管，是一细长但中部膨大的玻璃管，上端刻有环形标线，膨大部分标有容积和标定时的温度（一般为 20 ℃）。常用的移液管容积有 5 mL、10 mL、25 mL 等。吸量管是具有分刻度的玻璃管，两端直径较小，中间管身的直径相同，可用来转移不同体积的溶液。常用的吸量管有 1 mL、2 mL、5 mL、10 mL 等规格。

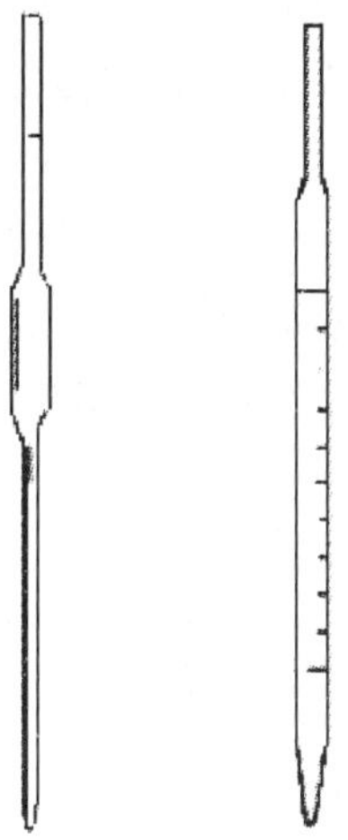

图 1-9　移液管与吸量管

移液管或吸量管的使用方法：

(1) 洗涤及润洗。移取溶液前，应先使用吸液法依次分别吸取少量的洗液、自来水和去离子水洗涤移液管和吸量管，再用滤纸将管口内外的水除去，用待吸溶液润洗 3 次。

吸取溶液时，左手握洗耳球，右手拇指和中指拿在移液管或吸量管标线以上部分，先将洗耳球中的空气压出，然后将球的尖嘴对准移液管口，将管尖伸入溶液中，慢慢松开洗耳球使溶液吸入管内，当吸入管容量的 1/4 左右时，迅速用右手食指按住管口，取出。横持并转动移液管或吸量管使溶液接触到刻度以上部位，然后将溶液从管尖放出并弃去。如此反复 3 次。

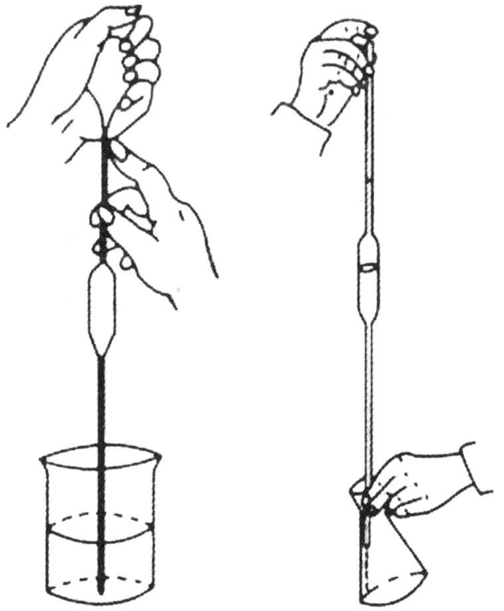

图 1-10　移液馆和吸量管的使用方法

(2) 移取溶液。移液管或吸量管润洗后，可直接插入待吸溶液液面下 1～2 cm 处（吸管不要插入太深或太浅，太浅易吸空；太深又会导致管口外壁沾附溶液过多），左手用洗耳球将溶液慢慢吸入管中（见图 1-10）。当液面上升至吸管标线以上时，立即用右手食指按住管口。然后将吸管向上提升至离开液面，管下端靠在盛溶液器皿的内壁上，管身直立，略放松食指或稍稍转动移液管，使管内溶液缓慢流出至弯月面与刻度相切，立即用食指压紧管口，移出移液管或吸量管。

(3) 放出溶液。将移液管或吸量管放入锥形瓶或容量瓶等承接容器中，将容器略微倾斜使管尖紧靠瓶内壁，管直立。松开食指，让溶液沿瓶壁流下（见图 1-10）。溶液全部放出后，如移液管或吸量管上标有“吹”或“快”字样，则应将留在管口的液体吹出；否则须保持管尖靠瓶内壁、管直立 15 s 后，方可取出移液管或吸量管。

使用吸量管放出一定量溶液时，通常是液面由某一刻度下降至另一刻度，两刻度之差即为所取溶液的体积。实验中应尽可能使用同一吸量管的同一区段体积，以减少误差。

四、容量瓶及使用方法

容量瓶是一种细颈梨形平底的玻璃瓶，带有磨口玻璃塞或塑料塞，颈上有一环形标线，表示在一定温度（一般为 20 ℃）下液体充满至标线时的容积。容量瓶主要用于配制准确浓度的溶液或定量稀释溶液，分无色和棕色两种，有 25 mL、50 mL、100 mL、250 mL、500 mL 等多种规格。其使用方法如下：

(1) 检漏。容量瓶使用前应先检查瓶塞是否密合。具体操作方法如下：在容量瓶内装入自来水至标线附近，塞上瓶塞，用右手食指顶住瓶塞，另一只手托住瓶底，将其倒立，观察瓶口是否有水渗出。若不漏水，将瓶直立并将瓶塞旋转 180°后再试一次。两次操作瓶塞周围均无水漏出，容量瓶才能洗涤并使用。容量瓶瓶塞需用塑料线绳拴在瓶颈上，以防搞乱或丢失。

(2) 配制或稀释溶液。配制溶液时，通常先将准确称量的固体试剂或试样置于烧杯中，用少量溶剂使其溶解后，再将溶液定量转入容量瓶中。定量转移溶液时，可右手持玻璃棒插入容量瓶内，使玻璃棒下端靠在瓶颈内壁标线以下的位置（注意玻璃棒不能靠近瓶口），左手拿烧杯，将烧杯嘴紧靠玻璃棒，使溶液沿玻璃棒流入容量瓶内（如图 1-11）。然后将玻璃棒和烧杯向上提起，使烧杯直立，将玻璃棒放回烧杯中。用洗瓶吹洗玻璃棒和烧杯内壁，并把洗涤溶液转移至容量瓶中。应反复吹洗玻璃棒和烧杯 3 次以上，以保证溶液定量转移。

如果是浓溶液稀释，则用移液管或吸量管吸取一定体积的浓溶液放入容量瓶中，然后稀释并定容。

(3) 定容。将溶液转移至容量瓶后，先用去离子水稀释至约 3/4 容积，然后将容量瓶沿顺（或逆）时针方向平摇几次使溶液初步混匀。再继续加入溶剂至液面离标线 1 cm 左右，稍等片刻，最后用滴管小心滴加溶液至弯月面与标线刚好相切（图 1-11）。若加水超过刻度线，则需重新配制。

(4) 摇匀。塞紧容量瓶塞，用食指顶住瓶塞，另一只手的手指托住瓶底边缘，将容量瓶倒转并振摇几次，然后倒转使气泡上升至顶。如此反复10～15 次，使溶液混合均匀，见图 1-12。

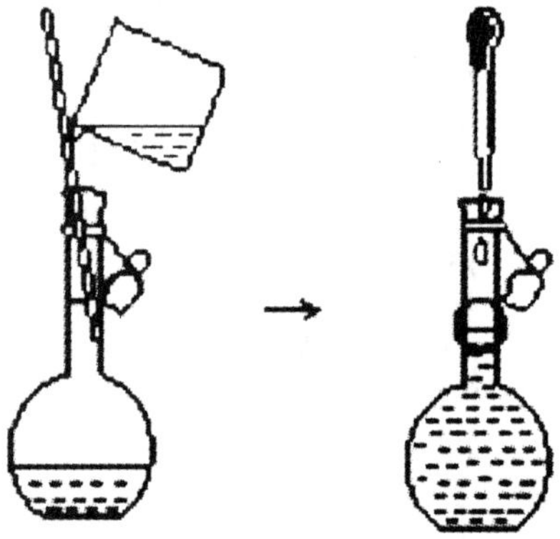

图 1-11　转移和定容

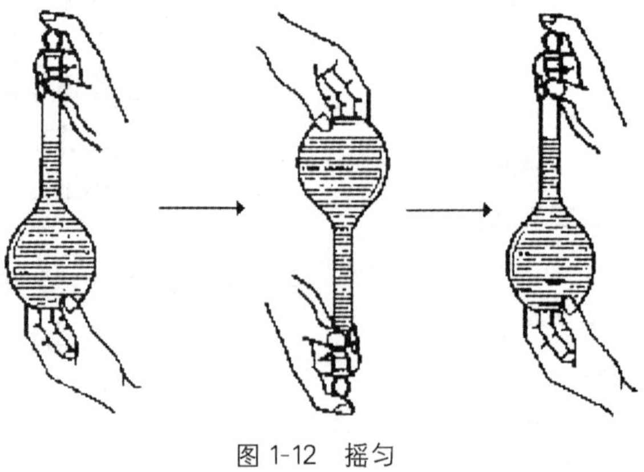

图 1-12　摇匀

第二章　实验数据的处理和分析结果表达

第一节　有效数字及其运算规则

一、有效数字的定义

有效数字就是实际能够测量到的数字，其位数与分析过程中所用的分析方法和测量仪器的准确度相关。如某物体使用电子天平称量时应保留小数点后 1 位数字；而用电子分析天平称量时则必须保留小数点后 4 位数字。通常，有效数字的最后一位数字不准确，被称为可疑数字。如，读取滴定管的读数为 23.43 mL，其中前三位数字准确，而第 4 位数字是估读的，为可疑数字，但它并非臆造所以也必须保留。

在没有搞清有效数字含义之前，有人错误地认为：测量时，小数点后的位数越多或在计算中保留的位数越多，准确度就越高。其实二者间无任何联系，小数点的位置只与单位有关。如 125 mg，可写成 0.125 g，也可以写成 1.25×10^{-4} kg，三者的测量精度相同，均为 3 位有效数字。

二、有效数字位数的确定原则

1. “0”是否是有效数字，与其在数字中的位置有关。在数字前的“0”，仅表示位数，不是有效数字；在数字中或小数点后的“0”，则为有效数字。如 0.0341 有 3 位有效数字；1.0052 有 5 位有效数字；1.20 有 3 位有效数字。但以“0”结尾的整数，有效数字位数不定。如 2500，可写为 2.5×10^{3}，2 位有效数字；2.50×10^{3}，3 位有效数字等，这种数字应根据有效数字情况改写为指数形式。

2. 倍数、分数关系可视为无限多位有效数字。

3. pH、pM、lg$c$、lg$K$ 等对数值，有效数字的位数仅取决于小数部分的位数，整数部分只代表该数的方次。例：pM=5.00，亦可表示为 $[M]=1.0\times10^{5}$，2 位有效数字。

三、有效数字的运算规则

1. 数字修约规则

在数据处理的过程中，各测量值的有效数字位数可能不同，此时需要按照一定的计算规则，对相关数据进行修约，将多余数字按照“四舍六入五成双”的修约规则舍去。

“四舍六入五成双”规则规定，当测量值中待修约的数字≤4 时，舍去；待修约数字≥6 时，进位；当待修约数字为 5 时，若其后的数字不为零，则进位；若 5 后面没有其他数字，则应看 5 前面一位数字是奇数还是偶数，若为奇数则进位，为偶数则舍去。

修约数字时，对原测量值要一次修约到位，不能分次修约。

2. 加减法运算

数据相加或相减时，应以小数点后位数最少（绝对误差最大）的数据为依据修约其他数据，再进行加减法运算，计算结果也保留至相同的位数。

例：计算 $55.1 + 4.25 + 1.5213 =?$ 修约后为：$55.1 + 4.2 + 1.5 = 60.8$

3. 乘除法运算

乘除法运算中，有效数字的位数应以有效数字位数最少（相对误差最大）的数据为依据修约，再进行乘除运算，计算结果仍保留相同的有效数字。若首位数字为 8 或 9，通常其有效数字的位数可以加 1 位。如，9.42 可按照 4 位有效数字进行处理。

例：计算 $0.0121 \times 25.64 \times 1.05782 = ?$　修约后为：$0.0121 \times 25.6 \times 1.06 = 0.328$

计算 $2.5046 \times 2.005 \times 1.52 =?$ 修约后为：$2.50 \times 2.00 \times 1.52 = 7.60$

注意：用计算器作连续运算的过程中，不必对每一步的计算结果都进行修约，可在计算完成后对结果的有效数字进行一次性修正。

第二节　误差及计算方法

一、误差与准确度

误差指分析结果与真值之间的差值。误差越小，表示分析结果的准确度越高。误差有两种表示方法，绝对误差和相对误差。绝对误差指测定值与真实值之差；相对误差是绝对误差在真值中所占的百分比。

例：质量为 0.2000 g 的样品，用天平称量的结果为 0.2020 g。则，

绝对误差 $E = 0.2020 - 0.2000 = 0.0020$ (g)

相对误差 $E_r =$ （0.0020/0.2000）$\times 100\% = 1.0\%$

误差具有以下特性：

1. 可以为正值或负值，正值表示分析结果偏高，负值表示分析结果偏低。

2. 绝对误差具有与测定值相同的量纲，相对误差只代表所占的百分比。

3. 测量结果的绝对误差相同，相对误差不一定相同。以相对误差表示测定结果的准确度更为合理。

二、偏差与精密度

由于结果的真值很难获得，对于不知道真实值的场合，可以用偏差衡量测定结果的好坏。偏差指单次测定结果与多次测定结果的平均值之差。与误差的定义相类似，偏差也用绝对偏差和相对偏差表示。

绝对偏差 $d =$ 单次测量值（x_i）－平均值（$\bar{x}$）

相对偏差 $d_r =$ （$d\sqrt{x}$）$\times 100\%$

偏差的大小用以衡量精密度。精密度又称再现性或重复性，指测定结果相互符合的程度。偏差越小，表示分析结果的精密度越高。一般用平均偏差、相对平均偏差、标准偏差

等表示多次测量结果的精密度。

平均偏差 $\bar{d}=\frac{|d_1|+|d_2|\cdots|d_n|}{n}$

相对平均偏差 $=\frac{\bar{d}}{\bar{x}}\times 100\%$

标准偏差 $s=\sqrt{\frac{d_1^2+d_2^2+\cdots+d_n^2}{n-1}}$

相对标准偏差 $RSD=\frac{s}{\bar{x}}\times 100\%$

式中：n—测量次数；d_n— 第 n 次测量的绝对偏差。

上述偏差的表示方法中，用标准偏差更为合理，因为将单次测定值的偏差取平方后，能更显著地反映数据的离散程度。

三、系统误差与随机误差

根据误差产生的原因和性质，可将误差分为系统误差和随机误差。系统误差主要包括方法不完善造成的误差（方法误差）；试剂或去离子水不纯带来的误差（试剂误差）；测量仪器不准确造成的误差（仪器误差）；以及由于操作人员操作习惯等产生的误差（人为误差）等，具有重复性、单向性以及大小基本不变的特性，因此系统误差也称为可测量误差，可以对其进行校正和消除。通常采取以下三种措施消除系统误差：

1. 校正测量方法和测量仪器。可分别用标准方法与所选用的方法进行测量，将结果进行比较，校正测量方法带来的误差。对准确度要求高的测量，应对所用仪器进行校正，求出校正值，对测量结果加以校正。

2. 进行对照试验。用已知准确成分或含量的标准样品代替实验样品，在相同的实验条件下进行测定，来检验所用的方法是否正确、仪器是否正常、试剂是否有效等。

3. 进行空白试验。空白试验是在相同的实验条件下，用去离子水代替样品进行实验，以消除由于试剂或实验用水不纯所造成的系统误差。

与系统误差相反，随机误差也叫偶然误差，是由于某些无法控制的随机因素导致的误差，如来源于环境温度、湿度的变化，仪器性能的微小波动，操作者操作的微小差别等。这些不确定因素导致了随机误差具有时大时小、时正时负、无法测量和消除的特点。

尽管随机误差始终处于波动变化之中，但多次测量（$n\rightarrow\infty$）时，随机误差的分布符合正态分布，具有正、负误差出现的概率相等；小误差出现的概率大，大误差出现的概率小；测定次数无限多时，误差的平均值趋于零等特点（如图 2-1）。因此可通过多次测量取算术平均值的方法，即通过增加测定次数来减小随机误差。

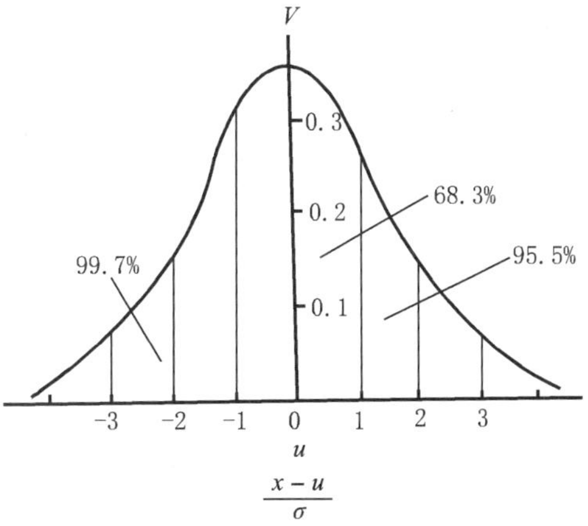

图 2-1　随机误差的正态分布

四、准确度与精密度的关系

在测量过程中，精密度高是准确度高的前提，但精密度高不等于准确度高。要提高分析结果的准确度，关键在于减小系统误差。在无系统误差存在的情况下，通过多次实验，严格按照操作规程认真进行测量，减小随机误差和消除“过失误差”，取其算术平均值作为测量的结果，才能提高结果的可靠性。

第三节　分析结果的表达

在分析工作中，分析工作者除应选择适当的分析方法、按照操作规范进行实验以及按有效数字原则记录和计算外，还要正确地处理数据和表达分析结果。

一、可疑数据的取舍

在处理实验数据时，首先需要考虑测定数据是否全部有效，对于个别偏离较大的数据（可疑数据），则要选择保留还是舍弃。所谓可疑数据，就是与其他数据偏离较远，精密度较差，对分析结果的平均值有较大影响的数据。如某学生用相同的方法进行 4 次实验的测定结果分别是 10.00%、10.02%、9.99%和 11.00%，这里 11.00%显然是一个可疑值，对分析结果有较大影响。但若要将其舍弃，亦要有根据。

在对可疑数据进行取舍时，首先应检查测定过程中是否存在错误，如称量时是否核对过天平零点，称取量和滴定管的读数是否记错，观察滴定终点是否正确以及是否存在计算错误等。如存在过失误差，则应弃去该可疑值。若无确切的导致偏离原因，则不能随意舍弃离群值，而需对数据进行统计处理以判断其是否在随机误差的范围内。

对可疑值取舍时，常用的统计检验法有 Grubbs 法和 Q 值检验法。处理次数较少（3—10次）测定中出现的可疑值时，Q 值检验法是一种简便易行、较为合理的方案。步骤如下：

1. 先将数据按大小顺序排列，然后计算测定值的极差（即最大值和最小值的差）。

2. 算出可疑值与邻近数据的差值。

3. $Q_{计算} = \dfrac{|异常值-邻近值|}{最大值-最小值} = \dfrac{x_n - x_{n-1}}{x_n - x_1}$ 或 $\dfrac{x_2 - x_1}{x_n - x_1}$

4. 查 Q 值表（表 2-1）。若计算的 Q 值大于或等于表 2-1 中的 Q 值，就将可疑值舍去；否则保留。

表 2-1　Q 值表

测定次数 n	$Q_{0.90}$	$Q_{0.95}$	$Q_{0.99}$
3	0.94	0.98	0.99
4	0.76	0.85	0.93
5	0.64	0.73	0.82
6	0.56	0.64	0.74
7	0.51	0.59	0.68
8	0.47	0.54	0.63
9	0.44	0.51	0.60
10	0.41	0.48	0.57

注意：Q 检验法不适用于 3 个测定数据中有 2 个相等的情况，因为这时第 3 个数据计算出来的 Q 值等于 1，总是大于表中的 Q 值。此时应再测定 1 次，然后再考虑是否有可疑值取舍。

按 Q 值检验法决定可疑值的取舍后，测定结果一般以剩余数据的平均值表示。但当所保留的可疑值对结果平均值的影响较大时，采用测定数据的中位值来代替平均值则更为合理。

二、结果的置信度和置信区间

根据误差的性质，无系统误差存在的情况下，随着测定次数的增加，随机误差的算术平均值逐渐接近于零。即当测量次数 $n \rightarrow \infty$时，测定结果的总体平均值 μ 即为真值。

$$\lim_{n \rightarrow \infty} \bar{x} = \mu = x_T$$

设 σ 为无限多次测定所得平均值的标准偏差，从误差的概率分布图 2-1 可知：测定结果在 $\bar{x} \pm \sigma$、$\bar{x} \pm 2\sigma$、$\bar{x} \pm 3\sigma$ 范围内出现的概率分别为 68.3%、95.5%和 99.7%。将上述误差出现的概率 68.3%、95.5%和 99.7%称为置信度；总体平均值 μ 的可能范围 $\bar{x} \pm \sigma$、$\bar{x} \pm 2\sigma$、$\bar{x} \pm 3\sigma$ 称为置信区间。即在系统误差为零的情况下，置信区间表示真实值的可能范围，用置信度来表示平均值的可靠性。

然而，在实际工作中，测定次数不可能是无限的，所以结果的平均值与真实值之间必然存在误差。有限次测量时，n 次测定的分析结果可以表示为：

$$\mu = \bar{x} \pm \frac{ts}{\sqrt{n}}$$

式中：t 是在选定的某一置信概率下的概率系数，随测定次数的增加而减小，并随置信概率的提高而增大，见表 2-2。通常选用置信概率为 95%或 90%的 t 值来计算置信区间。此时上式的意义是：真实值在 $\bar{x} \pm \frac{ts}{\sqrt{n}}$范围内的可能性为 95%或 90%。

表 2-2　t 值表

测定次数	置信度		
	90%	95%	99%
2	6.314	12.706	63.657
3	2.920	4.303	9.925
4	2.353	3，182	5.841
5	2.132	2.776	4.604
6	2.015	2.571	4.032
7	1.943	2.447	3.707
8	1.895	2.365	3，500
9	1.860	2.306	3.355
10	1.833	2.262	3.250
11	1.812	2.228	3.169
…	…	…	…
21	1.725	2.086	2.846
∞	1.645	1.960	2.576

三、分析结果的表示方法

滴定分析中，对反应

$$tT + bB = cC + dD$$

化计点时

$$bc_T V_T = tc_B V_B$$

或

$$b\, m_T / M_T = tc_B V_B / 1000$$

式中：c_T、V_T 和 c_B、V_B 分别是滴定剂及待测物的浓度和体积；m_T、M_T 分别表示基准物的质量和摩尔质量。

分析结果主要有如下表示法：

1. 物质的量浓度

$$c_B(\text{mol/L}) = \frac{bc_T \times V_T}{tV_B}$$

$$c_B(\text{mol/L}) = \frac{bm_T \times 1000}{tM_T \times V_B}$$

$$c_B(\text{g/L}) = \frac{bc_T \times V_T \times M_B}{tV_B}$$

2. 物质的质量

$$m_B = \frac{c_B \times V_B \times M_B}{1000} = \frac{\frac{b}{t} \times c_T \times V_T \times M_B}{1000}$$

3. 物质的质量分数

$$\omega_B = \frac{m_B}{m_s} \times 100\% = \frac{\frac{b}{t} \times c_T \times V_T \times M_B \times 10^{-3}}{m_s} \times 100\%$$

式中，m_B为被测物质量(g)；m_S为试样质量(g)；ω_B为样品中 B 物质的质量分数。

在报告实验结果时，应按要求报告 3～4 次测定结果的平均值或中位值及偏差。

第三章　滴定分析常用标准溶液的制备与标定

实验 1　氢氧化钠标准溶液的配制及标定

一、实验目的

1. 学习氢氧化钠溶液的配制方法。

2. 学习用邻苯二甲酸氢钾基准试剂标定 NaOH 标准溶液的方法。

3. 练习滴定分析的基本操作。

二、实验原理

由于固体 NaOH 易吸收空气中的水分和二氧化碳，因此 NaOH 标准溶液不能采用直接法配制，只能先配制成近似浓度溶液后，再用基准试剂测定其浓度。基准物质必须具备纯度高、组成与化学式一致、性质稳定、摩尔质量大等特点。

用基准物邻苯二甲酸氢钾（$KHC_8H_4O_4$）标定 NaOH 溶液的浓度，反应如下：

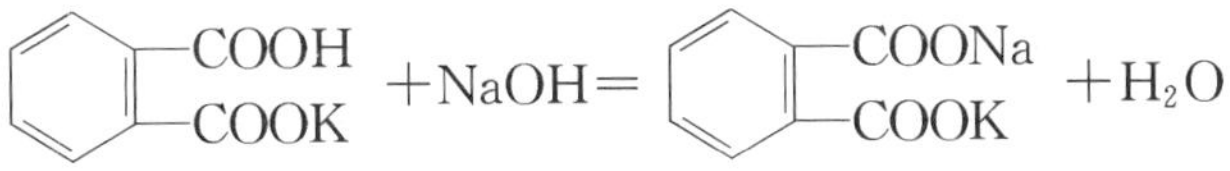

由于邻苯二甲酸氢钾的 $pK_{a2}=5.54$，因此可采用酚酞指示剂指示滴定终点。根据邻苯二甲酸氢钾基准物的称取质量和滴定所消耗 NaOH 溶液的体积，计算 NaOH 标准溶液的浓度。

三、主要试剂与仪器

1. 试剂

固体 NaOH，分析纯；邻苯二甲酸氢钾，分析纯；酚酞指示剂(1%，乙醇溶液)。

2. 仪器

电子天平 精度 0.1 g、精度 0.1 mg；烧杯 250 mL、1000 mL；量筒 50 mL；橡胶塞试剂瓶 1000 mL；锥形瓶 250 mL；滴定管(碱式) 50 mL。

四、实验步骤

1. 0.25 $mol \cdot L^{-1}$ NaOH 标准溶液的配制

用电子天平称取固体 NaOH 8.0 g，置于 250 mL 烧杯中，用 50 mL 经煮沸并冷却的去离子水（即去除 CO_2 的去离子水）溶解后，转入 1000 mL 试剂瓶中，用上述去离子水稀释至 800 mL，塞上橡皮塞，摇匀，备用。

注意：NaOH为强碱，配制时须佩戴防护眼镜，以防NaOH固体或溶液溅入眼内；并要避免试剂与皮肤直接接触。

2. NaOH标准溶液的标定

（1）用减量法在分析天平上准确称取邻苯二甲酸氢钾1～2 g（精确到0.0001 g）于250 mL锥形瓶中。用50 mL去除CO_2的去离子水使之充分溶解。

（2）按照操作规程洗涤滴定管，并用NaOH溶液洗涤滴定管2～3次，每次用量5～10 mL。然后在滴定管中装满NaOH溶液，调节液面至零刻度附近，静置一分钟后，记录初读数。

（3）在邻苯二甲酸氢钾溶液中加入1～2滴酚酞指示剂，用NaOH溶液滴定至溶液呈微红色且30 s内不褪色，即为终点，记录滴定管终读数。

（4）实验重复3次，要求3次平行测定结果的相对平均偏差小于0.2%。

五、实验结果的数据处理

项目 \ 次序	Ⅰ	Ⅱ	Ⅲ
称量瓶＋$KHC_8H_4O_4$(原重/g)			
称量瓶＋$KHC_8H_4O_4$(倾出后重/g)			
$KHC_8H_4O_4$称取量/g			
滴定管终读数/mL			
滴定管初读数/mL			
NaOH净用量/mL			
NaOH浓度/($mol\cdot L^{-1}$)			
NaOH浓度平均值/($mol\cdot L^{-1}$)			
相对平均偏差/%			

六、思考题

1. NaOH标准溶液能否直接配制？为什么？
2. 配制NaOH所用去离子水为何必须煮沸？
3. 为何用邻苯二甲酸氢钾标定NaOH？如何计算邻苯二甲酸氢钾的称取量？
4. 滴定管应如何洗涤？使用前应如何处理？

实验2　盐酸标准溶液的配制及标定

一、实验目的

1. 学习盐酸标准溶液的配制方法。
2. 学习使用Na_2CO_3基准试剂标定HCl的方法。
3. 掌握酸式滴定管的使用和甲基橙指示剂终点的判断方法。

二、实验原理

由于浓HCl易挥发，因此HCl标准溶液需采用间接法配制。用来标定HCl的基准试剂主要包括无水碳酸钠和硼砂等。Na_2CO_3与 HCl 的反应如下：

$$Na_2CO_3 + 2HCl = 2NaCl + H_2CO_3$$
$$H_2CO_3 \rightarrow H_2O + CO_2 \uparrow$$

化学计量点时生成的 H_2CO_3 是弱酸，溶液 pH 值近似为 4，因此可以甲基橙为指示剂指示滴定的终点。根据 Na_2CO_3 试剂的称取质量和滴定消耗的 HCl 标准溶液体积，计算 HCl 标准溶液的浓度。

三、主要试剂与仪器

1. 试剂

浓 HCl（密度 1.19）；无水 Na_2CO_3，分析纯；甲基橙指示剂（0.1%水溶液）。

2. 仪器

电子分析天平，精度 0.1 mg；烧杯 1000 mL；量筒 50 mL；试剂瓶 1000 mL；锥形瓶250 mL；滴定管（酸式）50 mL。

四、实验步骤

1. 0.25 $mol \cdot L^{-1}$ HCl 标准溶液的配制

在通风橱内用量筒量取浓 HCl 溶液约 17 mL，倒入 1000 mL 烧杯中，用去离子水稀释至约 800 mL。然后转移至 1000 mL 试剂瓶中，摇匀。

注意：浓 HCl 为强腐蚀性挥发性酸，配制时须在通风橱内进行，并佩戴防护眼镜和手套，注意不要溅到衣服和皮肤上。

2. HCl 标准溶液浓度的标定

分别准确称取 Na_2CO_3（0.26～0.52 g，精确至 0.1 mg）试剂 3 份，置于 250 mL 锥形瓶中，用约 50 mL 去离子水使其充分溶解。加入甲基橙指示剂 1～2 滴，用 HCl 标准溶液滴定至溶液由黄色转变为橙色，即为终点。要求三次平行测定结果的相对平均偏差小于 0.2%。

五、实验数据及处理

项目＼次序	Ⅰ	Ⅱ	Ⅲ
称量瓶＋ Na_2CO_3（原重/ g）			
称量瓶＋Na_2CO_3（倾出后重/ g）			
Na_2CO_3 质量/g			
HCl 终读数/mL			
HCl 初读数/mL			
HCl 净用量/mL			
HCl 浓度/($mol \cdot L^{-1}$)			
HCl 浓度平均值/($mol \cdot L^{-1}$)			
相对平均偏差/%			

六、思考题

1. 如何计算浓 HCl 的量取体积？配制盐酸溶液时应如何操作？
2. 如何计算 Na_2CO_3 的称量范围？
3. Na_2CO_3 试剂易吸潮，实验中应如何避免误差？
4. 溶解 Na_2CO_3 时是否需要准确控制所加入水的量？
5. 何谓指示剂的变色点？

实验 3　EDTA 标准溶液的配制及标定

一、实验目的

1. 学习 EDTA 标准溶液的配制和标定方法。
2. 练习用 $CaCO_3$ 作为基准物质标定 EDTA 二钠盐的标准溶液。
3. 熟悉钙指示剂的使用及其终点变化。

二、实验原理

乙二胺四乙酸（EDTA）是一种很好的氨羧络合剂，它能与许多种金属离子反应生成稳定的 1∶1 络合物，可以直接或间接滴定几十种金属离子。EDTA 在水中的溶解度较小，所以实验常用其二钠盐（$Na_2H_2Y \cdot 2H_2O$），一般也简称 EDTA。

标定 EDTA 溶液常用的基准物质包括：Zn、ZnO、$CaCO_3$ 等，实验选用 $CaCO_3$ 作为基准物，以"钙指示剂"指示 EDTA 滴定 Ca^{2+} 的滴定终点。

钙指示剂能与 Ca^{2+} 生成稳定的红色络合物，游离指示剂在 pH＝12～14 的条件下呈蓝色。因此，在 pH≥12 的条件下加入钙指示剂后用 EDTA 标准溶液进行滴定时，由于 Ca^{2+} 与 EDTA 生成无色的络合物，溶液呈现出 CaIn 的红色；化学计算点时，已与指示剂络合的金属离子被 EDTA 夺出，释放出指示剂，溶液由红色变为蓝色，即显示出游离指示剂的颜色，即为滴定终点。反应式如下：

$$\underset{\text{(红色)}}{CaIn} + \underset{\text{(无色)}}{Y} \rightleftharpoons \underset{\text{(无色)}}{CaY} + \underset{\text{(蓝色)}}{In}$$

根据滴定所耗 EDTA 溶液的体积和 $CaCO_3$ 的质量，计算出 EDTA 标准溶液的浓度。

三、主要试剂与仪器

1. 试剂

Na_2EDTA，分析纯；$CaCO_3$，基准试剂；HCl 溶液（6 $mol \cdot L^{-1}$）；NaOH 溶液（6 $mol \cdot L^{-1}$）；镁盐溶液（溶解 1 g $MgSO_4 \cdot 7H_2O$ 于水中，稀释至 200 mL）；混合钙指示剂（1 g 钙指示剂与 100 g NaCl 混匀，研成细粉）。

2. 仪器

电子天平，精度 0.1 g、精度 0.1 mg；烧杯 100 mL、800 mL；试剂瓶 1000 mL；容量瓶 250 mL；量筒 50 mL；移液管 25mL；锥形瓶 250 mL；滴定管（酸式）50 mL。

四、实验步骤

1. 配制 0.01 $mol \cdot L^{-1}$ EDTA 标准溶液

在电子天平上称取 Na_2EDTA 1.9 g，溶解于 200 mL 去离子水中，稀释至 500 mL（如溶液浑浊，应过滤）。转移至 1000 mL 试剂瓶中，摇匀，备用。

2. 配制 0.01 mol · L^{-1} 标准钙溶液

准确称取 110 ℃干燥的 $CaCO_3$ 基准试剂 0.35～0.40 g（精确至 0.1 mg）于 100 mL 烧杯中，用少量去离子水润湿，缓慢滴加 6 mol · L^{-1} HCl 溶液至其溶解。然后将溶液转入 250 mL 容量瓶中，用水稀释至刻度，摇匀。计算标准钙溶液的浓度。

注意： 加 HCl 溶解 $CaCO_3$ 基准试剂时，速度要慢，以防激烈反应产生的 CO_2 气泡使 $CaCO_3$ 溶液飞溅损失。

3. EDTA 标准溶液的标定

用移液管移取 25.00 mL 标准钙溶液于 250 mL 锥形瓶中，加入 2 mL 镁盐溶液，缓慢滴加 6 mol · L^{-1} NaOH 溶液 4～5 mL 至溶液出现浑浊，加入 25 mL 去离子水和约 10 mg（1 小勺）钙指示剂，摇动锥形瓶，使指示剂溶解，溶液呈明显红色。用 EDTA 标准溶液滴定至溶液由红色变为蓝紫色，再滴加半滴溶液呈蓝色即为终点。

实验重复三次，要求三次平行测定结果的相对平均偏差小于 0.2%。

注意： 络合反应速率较慢，因此滴定速度不宜太快，尤其临近终点时，更应缓慢滴定，并充分摇动。滴定应在 30～40 ℃条件下进行，若室温太低，应将溶液略加热。

五、实验数据处理

项目 \ 次序	Ⅰ	Ⅱ	Ⅲ
称量瓶＋ $CaCO_3$（原重/ g）			
称量瓶＋ $CaCO_3$（倾出后重/ g）			
$CaCO_3$ 质量/g			
$CaCO_3$ 浓度/(mol · L^{-1})			
EDTA 终读数/mL			
EDTA 初读数/mL			
EDTA 净用量/mL			
EDTA 浓度/(mol · L^{-1})			
EDTA 浓度平均值/(mol · L^{-1})			
相对平均偏差/%			

六、思考题

1. 用 $CaCO_3$ 标定 EDTA 溶液时，为什么要加入镁盐溶液？其对 Ca^{2+} 的滴定会产生影响吗？

2. 应用钙指示剂以 EDTA 滴定 Ca^{2+} 时，溶液的 pH 值应为多少？为什么？

3. 络合滴定操作应该注意哪些问题？

实验 4　高锰酸钾标准溶液的配制及标定

一、实验目的

1. 掌握高锰酸钾标准溶液的配制方法。

2. 学习用 $Na_2C_2O_4$ 基准物标定高锰酸钾溶液的方法。

二、实验原理

$KMnO_4$ 氧化性强，易与环境中的有机物、尘埃、氨等还原性物质作用，因此市售 $KMnO_4$ 试剂中常含有 MnO_2、硫酸盐、氯化物和硝酸盐等杂质，不能用直接法配制。$KMnO_4$ 还能自行分解，光照、Mn 离子等存在条件下会加快其分解反应的速率。

因此，配制 $KMnO_4$ 标准溶液时可称取稍多于理论量的试剂，溶于一定体积的去离子水中，加热煮沸。冷却后贮存于棕色试剂瓶中，放置数日，使溶液中可能存在的还原性物质完全氧化。过滤除去析出的 MnO_2 沉淀后，再进行标定。

实验室常用 $Na_2C_2O_4$ 基准物标定 $KMnO_4$ 溶液的浓度，滴定反应如下：

$$2MnO_4^- + 5C_2O_4^{2-} + 16H^+ = 2Mn^{2+} + 10CO_2\uparrow + 8H_2O$$

上述滴定可用 $KMnO_4$ 本身颜色的变化来指示滴定终点。根据 $Na_2C_2O_4$ 的称取质量和滴定所消耗 $KMnO_4$ 溶液的体积，计算 $KMnO_4$ 标准溶液的浓度。滴定时要注意温度、酸度、滴定速度等滴定条件。

三、主要试剂与仪器

1. 试剂

$KMnO_4$，分析纯；$Na_2C_2O_4$，基准物质，于 105 ℃干燥 2 h；H_2SO_4（3 mol·L^{-1}）。

2. 仪器

电子天平，精度 0.1 g、精度 0.1 mg；磁芯漏斗、抽滤瓶；烧杯 1000 mL、400 mL；试剂瓶（棕色）1000 mL；量筒 50 mL；滴定管（酸式）50 mL。

四、实验步骤

1. 高锰酸钾标准溶液（0.02 mol·L^{-1}）的配制

称取 1.9 g 固体 $KMnO_4$ 于 1000 mL 烧杯中，加入 600 mL 水溶解，盖上表面皿，加热煮沸 10～15 min（随时加水，补充蒸发损失）。将溶液在暗处静置数日后，用磁芯漏斗减压过滤，滤液装入 1000 mL 棕色试剂瓶中，摇匀备用。

2. 高锰酸钾标准溶液的标定

准确称取 $Na_2C_2O_4$ 基准试剂（0.13～0.26 g，精确至 0.1 mg），置于 400 mL 烧杯中。加 100 mL 去离子水使其溶解，再加入 15 mL 3 mol·L^{-1} H_2SO_4，盖上表面皿，在石棉网上慢慢加热至 70～85 ℃，趁热用高锰酸钾溶液滴定。开始滴定时反应速度慢，待溶液中产生了 Mn^{2+} 后，滴定速度可加快，直到溶液呈现微红色并持续半分钟不褪色即为终点。

实验重复测定 3 次，要求 3 次平行测定结果的相对平均偏差小于 0.2%。

注意事项

（1）去离子水中常含有少量的还原性物质，使 $KMnO_4$ 还原为 MnO_2。市售高锰酸钾

内所含的细粉状的 MnO_2 能加速 $KMnO_4$ 的分解，故通常将 $KMnO_4$ 溶液煮沸一段时间，冷却后还需放置 2～3 天，使之充分作用，然后将沉淀物过滤除去。

（2）在室温条件下，$KMnO_4$ 与 $Na_2C_2O_4$ 之间的反应进行缓慢，故加热提高反应速度。但温度不能太高，如超过 85 ℃则会导致部分 $H_2C_2O_4$ 分解，反应式如下：

$$H_2C_2O_4 = CO_2\uparrow + CO\uparrow + H_2O$$

（3）草酸钠溶液的酸度在开始滴定时，约为 1 $mol \cdot L^{-1}$；滴定终了时，约为 0.5 $mol \cdot L^{-1}$，这样能促使反应正常进行，并且阻止 MnO_2 的形成。滴定过程中若溶液出现棕色浑浊（MnO_2），应立即加入 H_2SO_4 补救，使棕色浑浊消失。

（4）Mn^{2+} 是该反应的催化剂。开始滴定时，溶液中无 Mn^{2+} 存在，所以反应很慢，在第一滴 $KMnO_4$ 未完全褪色以前，不加入第二滴。随着 Mn^{2+} 浓度的上升滴定可以稍快，但过快会导致局部 $KMnO_4$ 过浓而分解，放出 O_2 或引起杂质的氧化，都会造成误差。

（5）$KMnO_4$ 标准溶液滴定时的终点较不稳定，当溶液出现微红色且 30 s 内不褪时，即可认为终点。如对终点有疑问，可先将滴定管读数记下，再加入 1 滴 $KMnO_4$ 标准溶液，出现紫红色即证实已到终点。

（6）$KMnO_4$ 标准溶液应放在酸式滴定管中，由于 $KMnO_4$ 溶液颜色很深，液面凹下弧线不易看出，因此，应该从液面最高边上读数。

五、实验数据处理

次序 项目	Ⅰ	Ⅱ	Ⅲ
称量瓶＋ $Na_2C_2O_4$（原重/ g）			
称量瓶＋ $Na_2C_2O_4$（倾出后重/ g）			
$Na_2C_2O_4$ 质量/g			
滴定管终读数/mL			
滴定管初读数/mL			
$KMnO_4$ 净用量/mL			
$KMnO_4$ 浓度/（$mol \cdot L^{-1}$）			
$KMnO_4$ 浓度平均值/（$mol \cdot L^{-1}$）			
相对平均偏差/%			

六、思考题

1. 配制 $KMnO_4$ 溶液时，为何要加热煮沸，并要放置数日？

2. $KMnO_4$ 溶液配制过程中要用微孔玻璃漏斗过滤，过滤后的滤器上沾污的物质是什么？应选用什么物质清洗干净？

3. 盛放 $KMnO_4$ 溶液的棕色瓶子的瓶塞能否用橡皮塞？为什么？

4. 溶液酸度是否影响滴定结果？为什么？调节溶液酸度时，可否用盐酸或硝酸？

5. 用 $Na_2C_2O_4$ 标定 $KMnO_4$ 溶液时，应注意哪些重要的滴定条件？

实验 5　硫代硫酸钠标准溶液的配制及标定

一、实验目的

1. 学习硫代硫酸钠标准溶液的配制方法。

2. 掌握硫代硫酸钠标准溶液浓度的标定方法。

二、实验原理

硫代硫酸钠是间接碘量法滴定分析的标准溶液。$Na_2S_2O_3 \cdot 5H_2O$ 试剂一般都含有少量杂质，如 S、Na_2SO_3、Na_2SO_4、Na_2CO_3 和 NaCl 等，并易在空气中风化和潮解，所以只能预先配制成近似的浓度，然后用基准试剂进行标定。

硫代硫酸钠溶液不稳定，pH<4.6 的酸溶液中的 CO_2、O_2 和微生物均会导致其分解。因此，配制硫代硫酸钠标准溶液时，需用新煮沸并冷却的去离子水，加入少量 Na_2CO_3（0.02%）使其呈微碱性。然后保存于棕色试剂瓶中，避光放置 7～14 天后再进行标定。

可用来标定硫代硫酸钠标准溶液的基准物很多，如纯碘、碘酸钾、溴酸钾、重铬酸钾、亚铁氰化钾等。本实验用溴酸钾作基准物，在酸性溶液中使 KI 和基准物反应析出游离 I_2，然后用硫代硫酸钠标准溶液滴定析出的碘。根据溴酸钾基准物的称取量和所消耗硫代硫酸钠标准溶液的体积，计算硫代硫酸钠标准溶液的浓度。反应如下：

$$BrO_3^- + 6I^- + 6H^+ = Br^- + 3I_2 + 3H_2O$$

$$I_2 + 2S_2O_3^{2-} = 2I^- + S_4O_6^{2-}$$

以淀粉为指示剂，指示滴定终点。

碘量法应避免 I_2 挥发和 I^- 被氧化带来的误差，且要求溶液酸度为中性或微酸性。若 pH>8，则

$$I_2 + 2OH^- \rightarrow IO^- + I^- + H_2O$$

$$3IO^- \rightarrow 2I^- + IO_3^-$$

三、主要试剂与仪器

1. 试剂

$Na_2S_2O_3 \cdot 5H_2O$，化学纯；$KBrO_3$，基准试剂；Na_2CO_3 溶液(2%)；KI 溶液(10%)；H_2SO_4 溶液($1\ mol \cdot L^{-1}$)；淀粉指示剂(0.5%，现用现配)。

2. 仪器

电子天平，精度 0.1 g、精度 0.1 mg；烧杯 1000 mL；试剂瓶(棕色)1000 mL；碘量瓶 250 mL；量筒 50 mL、10 mL；滴定管(碱式)50 mL。

四、实验步骤

1. $0.1\ mol \cdot L^{-1}$ 硫代硫酸钠标准溶液的配制

取 1000 mL 去离子水装入大烧杯中，盖表面皿加热煮沸，冷却后加 2% Na_2CO_3 溶液 10 mL，备用。称取 25.0 g $Na_2S_2O_3 \cdot 5H_2O$ 试剂，溶解于上述冷却的沸水中，将上层清液转移至 1 L 的棕色试剂瓶中，在暗处放置 7 天后，标定其浓度。

2. 0.1 mol·L^{-1}硫代硫酸钠标准溶液的标定

（1）准确称取 0.056～0.112 g（精确至 0.1 mg）溴酸钾基准试剂于 250 mL 碘量瓶中，加入 50 mL 去离子水使其充分溶解。然后加入 10 mL 1 mol·L^{-1} H_2SO_4及 10 mL 10% KI 溶液，迅速盖紧碘量瓶盖子于暗处静置 5 min。

（2）取出碘量瓶用去离子水淋洗碘量瓶塞及四壁后，立即用硫代硫酸钠标准溶液滴定至溶液从红棕色变为浅黄色。

（3）加入 5 mL 0.5%的淀粉指示剂，继续用 $Na_2S_2O_3$溶液滴定至溶液由深蓝变为紫色，再滴加半滴成无色即为终点。

实验重复三次，要求三次平行测定结果的相对平均偏差小于 0.2%。

♨注意事项

（1）I_2在水中的溶解度较小，KI 除了满足反应需要外，还能与 I_2形成 I_3^-，以降低 I_2的挥发性。因此，KI 要稍过量（过量 2%～4%）；KI 浓度过大，反而使碘与淀粉的颜色转变不明显。

（2）KI 与溴酸钾的反应较慢，所以需静置片刻，才能用 $Na_2S_2O_3$滴定。由于 I^-在酸性溶液中很容易被空气中的 O_2所氧化，而光及某些杂质能催化 I^-被空气氧化，所以最好在暗处静置 5 min。若静置过久，由于碘的挥发和过剩的碘化物会被空气氧化，也不适宜。

$$4I^- + 4H^+ + O_2 = 2I_2 + 2H_2O$$

（3）滴定至终点的溶液放置后会变回蓝色，若经过 5 ~10 min 后才变蓝，这是空气氧化 KI 所致；若很快变蓝，说明滴定前 $KBrO_3$和 KI 的反应未进行完全，实验应重做。

（4）加淀粉指示剂前，应快速滴定至溶液从棕色变为米黄色，摇动溶液要求轻，以免碘大量挥发；加淀粉后，溶液变成深蓝色，此时可边摇动边滴定。

五、实验数据处理

项目 \ 次序	Ⅰ	Ⅱ	Ⅲ
称量瓶＋ $KBrO_3$（原重/ g）			
称量瓶＋ $KBrO_3$（倾出后重/ g）			
$KBrO_3$质量/g			
滴定管终读数/mL			
滴定管初读数/mL			
$Na_2S_2O_3$净用量/mL			
$Na_2S_2O_3$浓度/（mol·L^{-1}）			
$Na_2S_2O_3$浓度平均值/（mol·L^{-1}）			
相对平均偏差/%			

六、思考题

1. 配制 $Na_2S_2O_3$ 标准溶液时，为什么要用煮沸的去离子水？加 Na_2CO_3 的目的是什么？

2. 用 $KBrO_3$作基准物标定 $Na_2S_2O_3$溶液时，为什么要加过量的 KI？
3. 加入 KI 后，如不加酸放置暗处，或加酸后不放置暗处，会产生什么影响？
4. 淀粉指示剂为何不在滴定开始时加入？

第四章　容量分析与重量分析实验

实验 6　醋酸溶液浓度的测定

一、实验目的

1. 学习强碱滴定弱酸的基本原理和醋酸浓度的测定方法。

2. 学习指示剂的选择原则和滴定终点的判断方法。

3. 练习移液管使用的基本操作。

二、实验原理

醋酸为一元弱酸，其离解平衡常数 $K_a = 1.8 \times 10^{-5}$，用 NaOH 标准溶液直接滴定时的反应产物醋酸钠在水溶液中呈弱碱性，因此可以酚酞作指示剂。反应如下：

$$NaOH + HAc = NaAc + H_2O$$

根据 NaOH 标准溶液的浓度和滴定到终点时所消耗 NaOH 溶液的体积，计算醋酸溶液中醋酸的含量。

三、主要试剂与仪器

1. 试剂

NaOH 标准溶液（0.25 $mol \cdot L^{-1}$）；HAc 试样溶液；酚酞指示剂（1%乙醇溶液）。

2. 仪器

移液管 10 mL；量筒 50 mL；锥形瓶 250 mL；滴定管(碱式)50 mL。

四、实验步骤

从装有醋酸未知溶液的样品瓶中移取试液 10.00 mL，置于 250 mL 锥形瓶中，加去离子水 40 mL 和 1～2 滴酚酞指示剂，用 NaOH 标准溶液滴定至溶液呈微红色且 30 s 内不褪色，即为终点。

实验重复 3 次，要求 3 次平行测定结果的相对平均偏差小于 0.2%。

五、实验结果的数据处理

次序 项目	Ⅰ	Ⅱ	Ⅲ
NaOH 浓度/($mol \cdot L^{-1}$)			
滴定管终读数/mL			
滴定管初读数/mL			
NaOH 用量/mL			
HAc 浓度/($mol \cdot L^{-1}$)			
HAc 平均浓度/($mol \cdot L^{-1}$)			
相对平均偏差/%			

六、思考题

1. 如何正确使用移液管？

2. 本实验为何采用酚酞作指示剂？指示剂的用量是否需要控制？可否同时在 3 个锥形瓶中加入指示剂？

3. 临近终点时，应如何进行滴定操作？

实验 7　铵盐中氮含量的测定——甲醛法

一、实验目的

1. 了解甲醛法测定铵盐中含氨量的原理和方法。

2. 练习滴定分析的基本操作。

二、实验原理

NH_4^+ 是 NH_3 的共轭酸，由氨水的解离平衡常数 $K_{NH3}=1.8\times10^{-5}$，可知其共轭酸 NH_4^+ 的 $K_{NH_4^+}=5.6\times10^{-10}$，不能用碱标准溶液直接滴定。

若铵盐与甲醛作用，生成质子化的六次甲基四胺酸（$K_a=7.1\times10^{-6}$）和游离的 H^+，则可以酚酞为指示剂，用 NaOH 标准溶液直接滴定。其反应如下：

$$4NH_4^+ + 6HCHO = (CH_2)_6N_4H^+ + 3H^+ + 6H_2O$$

甲醛中常含有微量的甲酸，应事先除去；若试样中含有游离酸，应在加入甲醛之前先以甲基红为指示剂，用 NaOH 溶液中和，以免影响滴定结果。

三、主要试剂与仪器

1. 试剂

甲醛，分析纯；NaOH 标准溶液（0.25 $mol \cdot L^{-1}$）；含铵试样溶液；甲基红指示剂（0.2%乙醇溶液）；酚酞指示剂（1%乙醇溶液）。

2. 仪器

电子分析天平，精度 0.1 mg；烧杯 400 mL、100 mL；容量瓶 100 mL；移液管

25 mL；锥形瓶 250 mL；量筒 10 mL；滴定管(碱式) 50 mL。

四、实验步骤

1. 甲醛溶液的处理

取瓶装甲醛上层清液于烧杯中，用去离子水稀释一倍，加入 1 滴酚酞指示剂，用 0.25 mol·L^{-1}的 NaOH 溶液中和至溶液呈微红色，制成约 20%的甲醛溶液。

2. 试样中氨含量的测定

(1) 准确称取铵盐试样 1.5～2.0 g 于 100 mL 烧杯中，用少量去离子水溶解，转移至 100 mL 容量瓶中，稀释至刻度，摇匀。

(2) 从容量瓶中移取 25.00 mL 试液于 250 mL 锥形瓶中，加 1～2 滴甲基红指示剂，用 0.25 mol·L^{-1} NaOH 标准溶液滴至溶液由红色变为黄色。

(3) 加入 10 mL 20%甲醛溶液，再加 1～2 滴酚酞指示剂，静止 1 min。用 0.25 mol·L^{-1}NaOH 标准溶液滴至呈微红色，即为终点。

实验重复三次，要求三次平行测定结果的相对平均偏差小于 0.2%。

五、实验数据及处理

项目 \ 次序	Ⅰ	Ⅱ	Ⅲ
NaOH 浓度/(mol·L^{-1})			
称量瓶+试样（原重/ g）			
称量瓶+试样（倾出后重/ g）			
试样称取量/ g			
滴定管终读数/mL			
滴定管初读数/mL			
NaOH 净用量/mL			
NH_4^+ %			
平均 NH_4^+ %			
相对平均偏差 %			

注意事项

(1) 试样中如含 Fe^{3+} 会影响终点观察，可改用蒸馏法。测氨方法如下：试样加过量碱在蒸馏瓶中蒸馏出 NH_3，由过量酸标准溶液吸收，再用碱标准溶液回滴过量酸，以求出氨含量。

(2) 测定有机物中的氮时，须先将其转化为铵盐，然后再行测定。

六、思考题

1. 为什么中和甲醛试剂中的游离酸以酚酞作指示剂，而中和铵盐试样中的游离酸以甲基红为指示剂？

2. $(NH_4)_2SO_4$、NH_4NO_3、NH_4Cl 或 NH_4HCO_3 中的含氮量是否都可用甲醛法测定？

实验 8　碱液中 NaOH 和 Na_2CO_3 含量的测定

一、实验目的

1. 学习混合碱测定的实验原理。

2. 掌握用双指示剂法测定碱液中 NaOH 和 Na_2CO_3 含量的方法。

二、实验原理

烧碱（NaOH）易吸收空气中的 CO_2 而含有 Na_2CO_3 杂质，采用双指示剂法可分别测定烧碱中两组分的含量。首先，在碱液中加入酚酞指示剂，用 HCl 标准溶液滴定至溶液呈微红色，即为第一化学计量点。所消耗 HCl 溶液的体积为 V_1。反应如下：

$$NaOH + HCl = NaCl + H_2O$$

$$Na_2CO_3 + HCl = NaHCO_3 + H_2O$$

此时反应产物为 $NaHCO_3$ 和 NaCl，溶液的 pH 值为 8.3。

然后，在溶液中加入甲基橙指示剂，用 HCl 标准溶液滴定至溶液由黄色转变为橙色，即为第二化学计量点。所消耗 HCl 溶液的体积为 V_2。反应如下：

$$NaHCO_3 + HCl = NaCl + H_2O + CO_2\uparrow$$

此时溶液的 pH 值为 3.7。

V_1、V_2 与组分间的关系如下：Na_2CO_3 所消耗的 HCl 标准溶液的体积为 $2V_2$；NaOH 所消耗的 HCl 标准溶液体积为（V_1-V_2）。

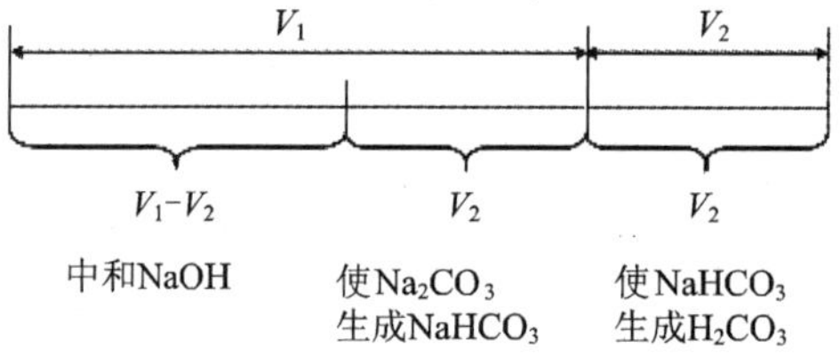

根据 V_1、V_2 和 HCl 标准溶液的浓度，可计算烧碱中 NaOH 和 Na_2CO_3 的含量，计算式为：

$$c_{NaOH}=\frac{c_{HCl}\cdot(V_1-V_2)\cdot M_{NaOH}}{V_{试液}}\ (g/L)$$

$$c_{Na_2CO_3}=\frac{\frac{1}{2}c_{HCl}\cdot 2V_2\cdot M_{Na_2CO_3}}{V_{试液}}\ (g/L)$$

$$总碱度\ c_{Na_2O}=\frac{\frac{1}{2}c_{HCl}\cdot(V_1+V_2)\cdot M_{Na_2O}}{V_{试液}}\ (g/L)$$

三、主要试剂与仪器

1. 试剂

HCl 标准溶液（0.25 mol/L）；NaOH 与 Na_2CO_3 混合试样溶液；酚酞指示剂（1%乙

醇溶液)；甲基橙指示剂(0.1%水溶液)。

2. 仪器

移液管 10 mL；量筒 50 mL；锥形瓶 250 mL；滴定管(酸式)50 mL。

四、实验步骤

移取液体烧碱试样 10.00 mL 于锥形瓶中，加入 50 mL 去离子水和 1～2 滴酚酞指示剂，用 HCl 标准溶液滴定至溶液由红色变为微红色，记下滴定管读数 V_1。

再加入 2 滴甲基橙指示剂，继续用 HCl 标准溶液滴定至溶液由黄色转变为橙色，记下滴定管读数 V_2。

重复测定 3 次，计算样品中 NaOH、Na_2CO_3 和 Na_2O 的含量和总碱度测定的相对平均偏差，要求总碱度 3 次平行测定结果的相对平均偏差小于 0.2%。

五、实验数据及处理

项目＼次序	Ⅰ	Ⅱ	Ⅲ
HCl 浓度/(mol/L)			
滴定管初读数/ mL			
第一终点滴定管读数/ mL			
HCl 用量 V_1/mL			
第二终点滴定管读数/ mL			
HCl 用量 V_2/mL			
NaOH 用量/(g/L)			
NaOH 平均含量/(g/L)			
Na_2CO_3 用量 /(g/L)			
Na_2CO_3 平均含量/(g/L)			
Na_2O 用量 /(g/L)			
Na_2O 平均含量/(g/L)			
相对平均偏差%			

六、思考题

1. 滴定用的锥形瓶是否要用被滴定的溶液润洗，为什么?

2. 用双指示剂法测定混合碱，所消耗 HCl 标准溶液的体积 V_1、V_2，可能存在下面五种情况，试判断下列情况下试样的组成。

(1) $V_1 > V_2$　(2) $V_1 < V_2$　(3) $V_1 = V_2$　(4) $V_1 = 0$　(5) $V_2 = 0$

3. 什么是总碱量?

实验 9　水硬度的测定

一、实验目的

1. 掌握 EDTA 滴定法测定水硬度的原理和方法。

2. 熟悉铬黑 T 和钙指示剂的应用。

3. 应用 EDTA 滴定法测定水的钙硬度和钙镁总硬度。

二、实验原理

水硬度的测定可分为水的总硬度和钙、镁硬度的测定两种，前者是测定 Ca、Mg 总量；后者是分别测定 Ca 和 Mg 的含量。通常用每升水中所含碳酸钙的毫克数表示。

根据酸效应曲线，用 EDTA 滴定 Ca、Mg 离子的 pH 条件分别为 $pH \geqslant 7.5$ 和 $pH \geqslant 10$。因此，可在 $pH=10$ 的条件下，以铬黑 T 为指示剂，用 EDTA 滴定水的总硬度。指示剂与 Ca、Mg 离子形成酒红色的络合物，滴入 EDTA 时，游离的 Ca、Mg 离子逐步被络合。当滴定至化学计量点时，已与指示剂络合的金属离子被 EDTA 夺出，释放出指示剂，溶液呈天蓝色而指示滴定终点。

测定钙硬度时，用 NaOH 调节溶液的 pH 值为 12～13，使溶液中的 Mg^{2+} 形成 $Mg(OH)_2$ 沉淀。然后以钙指示剂为指示剂，用 EDTA 滴定钙的含量。指示剂与钙离子形成红色的络合物，当接近化学计量点时，指示剂被 EDTA 从络合物中取代出来，即恢复指示剂本身的蓝色。

$$pH=10\text{ 时}\quad Ca/Mg + Y \rightleftharpoons Ca/MgY$$

$$pH=12\text{ 时}\quad Ca + Y \rightleftharpoons CaY$$

三、主要试剂与仪器

1. 试剂

EDTA 标准溶液（$0.01\ mol \cdot L^{-1}$）；水试样溶液；NH_3-NH_4Cl 缓冲溶液（$1\ mol \cdot L^{-1}$，pH 10）；NaOH 溶液（$6\ mol \cdot L^{-1}$）；铬黑 T 指示剂（取 0.5 g 铬黑 T，溶解于 10 mL 氨缓冲溶液中，用无水乙醇稀释至 100 mL，保存于棕色试剂瓶中，可以使用 1 个月）；混合钙指示剂（以 1.0 g 钙指示剂和 100.0 g NaCl 混匀，并研成细粉）。

2. 仪器

容量瓶 250 mL；移液管 25 mL、10 mL；锥形瓶 250 mL；量筒 50 mL；滴定管（酸式）50 mL。

四、实验步骤

1. 用移液管吸取水样 25.00 mL 于 250 mL 容量瓶中，用去离子水稀释至刻度，摇匀。

2. 钙镁总硬的测定

移取 10.00 mL 稀释水样于 250 mL 锥形瓶中，加去离子水 20 mL、NH_3-NH_4Cl 缓冲溶液 5 mL 和 1～2 滴铬黑 T 指示剂，溶液呈酒红色。用 EDTA 标准溶液滴定至溶液由酒红色变为蓝紫色，再滴加半滴溶液呈蓝色即为终点。

注意：加 NH_3-NH_4Cl 缓冲溶液应在通风橱中进行。

3. 钙硬的测定

移取 10.00 mL 稀释水样于 250 mL 锥形瓶中，加入 2～3 mL 6 mol·L^{-1} NaOH 至 Mg^{2+} 形成 $Mg(OH)_2$ 沉淀，再加水 30 mL 和固体混合钙指示剂 1～2 勺，摇动锥形瓶，使指示剂溶解。然后用 EDTA 标准溶液滴定至溶液由红色变为蓝紫色，再滴加半滴至溶液呈蓝色即为终点。

实验重复 3 次，要求 3 次平行测定结果的相对平均偏差小于 0.2%。

注意：络合反应速率较慢，因此滴定速度不宜太快，尤其临近终点时，更应缓慢滴定，并充分摇动。滴定应在 30～40 ℃条件下进行，若室温太低，应将溶液略加热。

五、实验数据处理

项目 \ 次序	Ⅰ	Ⅱ	Ⅲ
EDTA 浓度/(mol/L)			
总硬测定滴定管终读数/mL			
总硬测定滴定管初读数/mL			
总硬测定 EDTA 用量/mL			
总硬度 $CaCO_3$/(mg/L)			
总硬度平均值 $CaCO_3$/(mg/L)			
相对平均偏差/%			
钙硬测定滴定管终读数/mL			
钙硬测定滴定管初读数/mL			
钙硬测定 EDTA 用量/mL			
钙硬度 $CaCO_3$/(mg/L)			
钙硬度平均值 $CaCO_3$/(mg/L)			
相对平均偏差/%			
镁硬度平均值 $CaCO_3$/(mg/L)			

分析结果计算：

$$\text{钙硬或总硬 } c_{CaCO_3}=\frac{c_{EDTA}\cdot V_{EDTA}\cdot M_{CaCO_3}\cdot 1000}{10.00\times\frac{25.00}{250.0}}\ (\text{mg/L})$$

$$\text{镁硬 } c_{CaCO_3}=\frac{c_{EDTA}\cdot(V_{总硬}-V_{钙硬})\cdot M_{CaCO_3}\cdot 1000}{10.00\times\frac{25.00}{250.0}}\ (\text{mg/L})$$

♨注意事项

(1) 水样中含有的微量铜、铝、锰等物质对测定产生干扰（封闭指示剂、使滴定终点不明显）。可在加氢氧化钠或铵盐缓冲溶液前，用 5%三乙醇胺和 Na_2S 掩蔽。

(2) 水的总硬度超过 5000 mg/L 时，应取水样 25.00 mL 进行滴定；若总硬小于 500 mg/L，则应取 100.0 mL；硬度极高时，应取更少试样（如 10.00mL）并以去离子水稀释，以免 EDTA 用量过多或过少，或镁盐生成氢氧化镁沉淀。

六、思考题

1. 测定钙镁总硬时，为什么要加 NH_3-NH_4Cl 缓冲溶液？
2. 若要知道水中是否有钙盐或镁盐，可以采用哪些简单的检验方法？

实验 10　铅、铋混合液中铅和铋含量的连续滴定

一、实验目的

1. 学习通过控制溶液酸度用 EDTA 连续测定混合液中 Pb^{2+} 和 Bi^{3+} 的方法。
2. 熟悉二甲酚橙金属指示剂的应用。

二、实验原理

混合离子的分别滴定通常采用控制溶液酸度、掩蔽或解蔽等方法进行。控制溶液的 pH 范围是混合离子溶液中进行选择性滴定的途径之一，可根据副反应系数原理进行计算，一般常以 $\Delta \lg K=5$ 作为判断能否利用控制溶液酸度进行分别滴定的条件。实际上，滴定选取的 pH 范围是综合了滴定适宜的 pH 值、指示剂的变色、以及共存离子等情况后确定的。

Pb^{2+} 、Bi^{3+} 均能与 EDTA 形成稳定的 1∶1 配合物，其 $\lg K$ 值分别为 18.04 和 27.94，故可利用酸效应，控制不同的溶液酸度，分别进行滴定。通常在 pH=1 时滴定 Bi^{3+}，在 pH=5～6 时滴定 Pb^{2+}。

在 Pb^{2+}-Bi^{3+} 混合溶液中，首先调节溶液的 pH ≈ 1，以二甲酚橙为指示剂，此时，Bi^{3+} 与指示剂形成紫红色络合物（Pb^{2+} 在此条件下不与指示剂反应），然后用 EDTA 标准溶液滴定，溶液由紫红色变成亮黄色，即为滴定 Bi^{3+} 的终点。在滴定 Bi^{3+} 后的溶液中，加入六次甲基四胺调节溶液 pH ＝ 5～6，此时 Pb^{2+} 与二甲酚橙形成紫红色络合物，溶液再次呈现紫红色，然后用 EDTA 标准溶液继续滴定，溶液由紫红色变为亮黄色时，即为滴定 Pb^{2+} 的终点。

$$\text{pH}=1\text{ 时}\quad Bi^{3+}+Y^{4-}\rightleftharpoons BiY^{-}$$

$$\text{pH}=5\sim6\text{ 时}\quad Pb^{2+}+Y^{4-}\rightleftharpoons PbY^{2-}$$

三、主要试剂与仪器

1. 试剂

EDTA 标准溶液（0.01 mol·L^{-1}）；Pb^{2+}－Bi^{3+} 混合试样溶液；NaOH 溶液（0.5 mol·L^{-1}）；HNO_3溶液（0.1 mol·L^{-1}）；六次甲基四胺溶液（试剂 20.0 g 溶于水，加 4 mL 浓 HCL，稀释至 100 mL）；二甲酚橙指示剂（0.2%水溶液）。

2. 仪器

精密 pH 试纸（pH=0.5～6）；移液管 25 mL；锥形瓶 250 mL；量筒 10 mL；滴定管（酸式）50 mL。

四、实验步骤

移取 25.00 mL 试液于 250 mL 锥形瓶中，滴加 0.5 mol·L^{-1}NaOH 溶液至试液 pH≈

1.0，然后加入 10 mL 0.1 mol·L^{-1} HNO_3，2 滴 0.2%二甲酚橙指示剂，用 EDTA 标准溶液滴定至溶液由紫红色变为亮黄色。根据消耗的 EDTA 体积计算 Bi 的含量。

在滴定 Bi^{3+} 后的溶液中，加 4 滴二甲酚橙指示剂，并加入 20%六次甲基四胺至溶液呈稳定的紫红色，再过量 5 mL。这时溶液的 pH 值为 5～6。再用 EDTA 标准溶液滴定至溶液由紫红色变为亮黄色，即为终点。根据滴定结果，计算混合液中 Pb 的含量。

实验重复 3 次，要求 3 次平行测定结果的相对平均偏差小于 0.2%。

♨注意事项

(1) Bi^{3+} 与 EDTA 反应的速度较慢，滴 Bi^{3+} 时速度不宜过快，且要激烈摇动。

(2) 滴定 Bi^{3+} 时，如 pH<0.4，加入二甲酚橙后溶液呈黄色，此时可补加 NaOH 直至溶液转为紫红色；若 NaOH 加入过量，pH>1.6，则 Pb^{2+} 有干扰。

五、实验数据处理

次序 项目	Ⅰ	Ⅱ	Ⅲ
EDTA 浓度/(mol/L)			
滴定 Bi^{3+} 滴定管终读数/mL			
滴定 Bi^{3+} 滴定管初读数/mL			
滴定 Bi^{3+} EDTA 用量/mL			
Bi^{3+} 含量/(g/L)			
Bi^{3+} 平均含量/(g/L)			
相对平均偏差/%			
滴定 Pb^{2+} 滴定管终读数/mL			
滴定 Pb^{2+} 滴定管初读数/mL			
滴定 Pb^{2+} EDTA 用量/mL			
Pb^{2+} 含量/(g/L)			
Pb^{2+} 平均含量/(g/L)			
相对平均偏差/%			

六、思考题

1. 滴定 Bi^{3+} 和 Pb^{2+} 时，溶液酸度各控制在什么范围？怎样调节？为什么？

2. 本实验中，能否先在 pH = 5～6 的溶液中测定 Pb^{2+} 和 Bi^{3+} 的合量，再调整 pH ≈ 1 测定 Bi^{3+} 的含量？

3. 试分析本实验中，金属指示剂由滴定 Bi^{3+} 到调节 pH=5～6，又滴定 Pb^{2+}，终点变色的过程和原因。

4. 本实验为什么不用氨或碱调节 pH=5～6，而用六次甲基四胺来调节？可以用 HAc 缓冲溶液代替六次甲基四胺吗？

实验 11　过氧化氢含量的测定

一、实验目的

1. 了解高锰酸钾滴定法测定过氧化氢的原理。

2. 学习用氧化还原滴定测定过氧化氢的含量。

二、实验原理

H_2O_2既可作为氧化剂也可作为还原剂，可在酸性介质中用 $KMnO_4$直接滴定。其反应式如下：

$$2MnO_4^{2-}+5H_2O_2+6H^+=2Mn^{2+}+5O_2\uparrow+8H_2O$$

H_2O_2不稳定，可分解为水和氧气，滴定应在室温下进行。开始时反应进行较慢，随着 Mn^{2+}的生成，由于 Mn^{2+}的催化作用，可加快反应的进行。根据 $KMnO_4$标准溶液的浓度和滴定至终点时所消耗的体积，计算试样中 H_2O_2的含量。

三、主要试剂与仪器

1. 试剂

$KMnO_4$标准溶液(0.02 mol · L^{-1})；H_2O_2试样(10%左右)；H_2SO_4溶液(3 mol · L^{-1})。

2. 仪器

移液管 10 mL；锥形瓶 250 mL；量筒 50 mL；滴定管（酸式）50 mL。

四、实验步骤

从样品瓶中准确移取 10.00 mL H_2O_2试液于 250 mL 锥形瓶中，加入 50 mL 去离子水及 3 mol · L^{-1} H_2SO_4 10 mL，用 $KMnO_4$标准溶液滴定至微红色且半分钟内不褪色即为终点。

实验重复三次，并要求三次平行测定结果的相对平均偏差小于 0.2%。

注意：H_2O_2易挥发，在实验过程中应注意取样后及时盖上样品瓶盖；样品测试时应取一个试样测定完成后，再取第二个样。

五、实验数据处理

项目＼次序	Ⅰ	Ⅱ	Ⅲ
$KMnO_4$浓度/（mol · L^{-1}）			
$KMnO_4$终读数/mL			
$KMnO_4$初读数/mL			
$KMnO_4$用量/mL			
H_2O_2含量/（g · L^{-1}）			
H_2O_2平均含量/（g · L^{-1}）			
相对平均偏差/%			

注意：如 H_2O_2试样系工业产品，用上述方法测定误差较大。因产品中常加入乙酰苯胺等有机物质作稳定剂，这些有机物大多能与 $KMnO_4$作用而干扰 H_2O_2的测定。此时 H_2O_2应采用碘量法测定，利用 H_2O_2和 KI 作用，析出 I_2，然后用 $Na_2S_2O_3$标准溶液滴定。

$$H_2O_2+2H^++2I^-=2H_2O+I_2 \quad \varphi^{\theta}_{H_2O_2/H_2O}=1.77\ V$$

$$I_2+2S_2O_3^{2-}=S_4O_6^{2-}+2I^-$$

六、思考题

1. 本实验中的两种溶液是否都是氧化剂？为什么？
2. 用 $KMnO_4$法测定 H_2O_2时，能否用 HNO_3、HCl 或 HAc 来控制酸度？为什么？

实验 12 铜盐中铜含量的测定

一、实验目的

1. 学习间接碘量法的基本原理。
2. 掌握间接碘量法测定铜盐中铜含量的方法。

二、实验原理

碘量法是利用 I_2的氧化性和 I^-的还原性进行滴定分析的方法。其电极反应为：

$$I_2+2e = 2I^- \quad \varphi^{\theta}_{I_2/I^-}=0.534\ V$$

I^-为中等强度的还原剂，其能被氧化剂定量氧化而析出 I_2，然后用 $Na_2S_2O_3$标准溶液滴定生成的 I_2，从而计算出氧化剂的含量。铜盐中铜含量的测定就是依据此方法。

Cu^{2+}与 I^-反应如下：

$$2Cu^{2+} + 4I^- = 2CuI\downarrow + I_2$$

析出的碘用 $Na_2S_2O_3$标准溶液滴定，由此计算出铜的含量。

上述反应是可逆的，为了使反应趋于完全，必须加入过量 KI 及硫氰酸钾，以使 CuI 转化为溶解度更小的 CuSCN 沉淀：

$$CuI + KSCN = CuSCN\downarrow + KI$$

加入硫氰酸钾不仅可以释放出被 CuI 吸附的 I_2，而且反应生成的 KI 可与 Cu^{2+}作用，用较少的 KI 就能使反应进行得很完全。但 KSCN 只能在接近终点时加入，否则其可能被氧化而使结果偏低。

为了防止铜盐水解，反应必须在 H_2SO_4酸性溶液（pH=3～4）中进行。酸性过低，反应速率过慢；酸性过高，I^-易被空气氧化而使结果偏高。

反应中 Cu^{2+}与 $Na_2S_2O_3$为 1∶1 定量关系，根据 $Na_2S_2O_3$标准溶液的浓度和消耗体积，可计算出铜盐中铜的含量：

$$c_{Cu}(g/L)=c_{Na_2S_2O_3}\cdot V_{Na_2S_2O_3}\cdot M_{Cu}/V_{样品}$$

三、主要试剂与仪器

1. 试剂

$Na_2S_2O_3$标准溶液（0.1 mol·L^{-1}）；$CuSO_4$试样溶液；KI 溶液（10%）；KSCN 溶液（10%）；H_2SO_4溶液（1 mol·L^{-1}）；淀粉溶液（0.5%，现用现配）。

2. 仪器

移液管 10 mL；锥形瓶 250 mL；量筒 50 mL、10 mL；滴定管（碱式）50 mL。

四、实验步骤

（1）准确移取铜盐样品 10.00 mL 于 250 mL 锥形瓶中，加 5 mL 1mol·L^{-1} H_2SO_4、100 mL 去离子水及 10 mL 10% KI 溶液，立即用 $Na_2S_2O_3$标准溶液滴定溶液由红棕色至米黄色。

（2）加入 3～4 mL 0.5%淀粉指示剂，继续滴到溶液呈浅蓝色。

（3）再加入 10 mL 10% KSCN 溶液，摇匀后溶液蓝色转深，继续用 $Na_2S_2O_3$标准溶液滴定到蓝色恰好消失、溶液呈灰白色 CuSCN 悬浮液为止。

实验重复测定三次，要求三次平行测定结果的相对平均误差小于 0.2%。

五、实验数据处理

项目 \ 次序	Ⅰ	Ⅱ	Ⅲ
$Na_2S_2O_3$浓度/(mol·L^{-1})			
$Na_2S_2O_3$终读数/mL			
$Na_2S_2O_3$初读数/mL			
$Na_2S_2O_3$用量/mL			
Cu^{2+}含量/(g·L^{-1})			
Cu^{2+}平均含量/(g·L^{-1})			
相对平均偏差/%			

六、思考题

1. 测铜盐含量时，为什么要加 H_2SO_4？是否可以加入 HCl？为什么？

2. 可否用 NH_4SCN 代替 KSCN？

实验 13　Mohr 法测定可溶性氯化物中的氯含量

一、实验目的

1. 学习 $AgNO_3$标准溶液的配制和标定方法。

2. 掌握用 Mohr 法进行沉淀滴定的原理、方法和实验操作。

二、实验原理

“银量法”是一类重要的沉淀滴定法，可用来测定水溶液中的 Cl^-、Br^-、I^-、Ag^+、

CN^-、SCN^-等离子。其中，Mohr 法是测定可溶性氯化物中 Cl^- 含量的常用方法。该法以 K_2CrO_4为指示剂，用 $AgNO_3$标准溶液进行滴定。由于 AgCl 的溶解度比 Ag_2CrO_4小，溶液中首先析出 AgCl 沉淀。当 AgCl 定量沉淀后，过量的 $AgNO_3$即与 CrO_4^{2-}反应生成砖红色的 Ag_2CrO_4沉淀，指示终点到达。主要反应方程式如下：

$$Ag^+ + Cl^- = AgCl\downarrow \text{（白色）} \qquad K_{SP} = 1.8\times10^{-10}$$

$$2Ag^+ + CrO_4^{2-} = Ag_2CrO_4\downarrow \text{（砖红色）} \qquad K_{SP} = 2.0\times10^{-12}$$

滴定必须在中性或弱碱性溶液中进行，适宜的 pH 范围是 6.5～10.5。指示剂的用量对滴定有一定的影响，一般以 5×10^{-3}mol·L^{-1}为宜。

凡能与 CrO_4^{2-}指示剂生成难溶化合物的 Ba^{2+}、Pb^{2+}等阳离子，能与 Ag^+生成沉淀或络合物的 PO_4^{3-}、AsO_3^{3-}、S^{2-}、CO_3^{2-}、$C_2O_4^{2-}$等阴离子，以及在中性或弱碱性溶液中易水解产生沉淀的高价金属离子 Al^{3+}、Fe^{3+}、Bi^{3+}、Sn^{4+}等都对测定产生干扰；大量 Cu^{2+}、Ni^{2+}、Co^{2+}等有色金属离子也会影响滴定终点的观察。

三、主要试剂与仪器

1. 试剂

NaCl 基准试剂；$AgNO_3$（AR 级）；K_2CrO_4溶液（5%）；氯化物试样溶液。

2. 仪器

电子天平 精度 0.1 mg、精度 0.1 g；烧杯 100 mL、600 mL；容量瓶 250 mL；试剂瓶（棕色）1000 mL；量筒 50 mL；移液管 25 mL；锥形瓶 250 mL；滴定管（酸式）50 mL。

四、实验步骤

1. 0.05 mol·L^{-1} NaCl 标准溶液的配制

准确称取约 0.73 g（精确至 0.1 mg）NaCl 基准试剂于小烧杯中，用去离子水溶解后，转入 250 mL 容量瓶中，稀释至刻度，摇匀，计算 NaCl 标准溶液的浓度。

2. 0.05 mol·$L^{-1}$$AgNO_3$溶液的配制与标定

在电子天平上称取约 4.0 g 固体 $AgNO_3$，溶解于 500 mL 不含 Cl^- 的去离子水中，将溶液转入 1000 mL 棕色试剂瓶中，置暗处保存，以防光照分解。

用移液管移取 25.00 mL NaCl 标准溶液于 250 mL 锥形瓶中，加入 25 mL 水，用吸管加入 5% K_2CrO_4溶液 1 mL，在不断摇动下，用 $AgNO_3$溶液滴定至白色沉淀中出现砖红色，即为终点。根据所消耗 $AgNO_3$的体积，计算 $AgNO_3$的浓度。（该标定用时相对较短，标定、测定可一次完成，所以未放第三章“常见标准溶液配制与标定”中）

实验重复三次，要求三次平行测定结果的相对平均误差小于 0.2%。

3. 试样测定

准确称取适量（学生自行计算）的含氯试样于小烧杯中，加水溶解后，转入 250 mL 容量瓶中，用水稀释至刻度，摇匀。

用移液管移取 25.00 mL 该试液于 250 mL 锥形瓶中，加入 25 mL 水，用吸量管加入 5% K_2CrO_4溶液 1 mL，在不断摇动下，用 $AgNO_3$标准溶液滴定至白色沉淀中出现砖红

色，即为终点。求出未知试样中氯的含量。

实验重复测定 3 次，要求 3 次平行测定结果的相对平均误差小于 0.2%。

五、实验数据及处理

项目＼次序	Ⅰ	Ⅱ	Ⅲ
称量瓶＋NaCl(原重/g)			
称量瓶＋NaCl(倾出后重/g)			
NaCl 质量/g			
NaCl 浓度/($mol \cdot L^{-1}$)			
标定时滴定管终读数/mL			
标定时滴定管初读数/mL			
$AgNO_3$ 净用量/mL			
$AgNO_3$ 浓度/($mol \cdot L^{-1}$)			
$AgNO_3$ 浓度平均值/($mol \cdot L^{-1}$)			
相对平均偏差/%			
滴定时滴定管终读数/mL			
滴定时滴定管初读数/mL			
$AgNO_3$ 净用量/mL			
试样中 Cl^- 的含量/($mol \cdot L^{-1}$)			
Cl^- 平均含量/($mol \cdot L^{-1}$)			
相对平均偏差/%			

六、思考题

1. Mohr 法测氯时，为什么须控制溶液的 pH 值为 6.5～10.5?

2. 该法中，K_2CrO_4 指示剂的浓度过大或过小对测定有何影响?

实验 14　可溶性硫酸盐中含硫量的测定

一、实验目的

1. 了解晶形沉淀的沉淀条件、原理和沉淀方法。

2. 练习重量分析基本操作。

3. 学习应用重量分析法测定硫酸盐中的含硫量。

二、实验原理

重量分析法可通过使待测组分生成难溶化合物与其他组分分离，然后根据沉淀的质量计算出待测组分的含量，是一种准确、精密的分析方法。

在含有硫酸盐的盐酸溶液（0.05 $mol \cdot L^{-1}$左右）中，加入 $BaCl_2$，生成 $BaSO_4$ 沉淀。

在过量沉淀剂存在下，沉淀的溶解度很小，一般可忽略不计。经过陈化、过滤、洗涤、烘干等步骤，可根据 $BaSO_4$沉淀的重量，计算试样中的含硫量。

三、主要试剂与仪器

1. 试剂

$BaCl_2$溶液（0.1 mol·L^{-1}）；硫酸盐固体试样；盐酸溶液（10%）；$AgNO_3$溶液（0.1 mol·L^{-1}）；变色硅胶。

2. 仪器

电子分析天平，精度 0.1 mg；称量瓶；干燥器；烘箱；微孔玻璃砂芯坩埚；烧杯 400 mL；减压抽滤装置；表面皿、玻璃棒等。

四、实验步骤

1. 准确称取 0.5 g 左右试样 2 份（精确至 0.1 mg），置于 400 mL 烧杯中，用约 200 mL去离子水溶解后，加入 10%稀盐酸 2～3 mL，加热至近沸。趁热边搅拌边逐滴加入热的 0.1 mol·L^{-1} $BaCl_2$溶液（2～3 滴/s），并使 $BaCl_2$的量约过量 20%。

继续加热，待沉淀下沉上层溶液变为澄清时，再滴加数滴 $BaCl_2$溶液，观察是否混浊。若沉淀完全，盖上表面皿，将溶液放置 12 小时，使沉淀陈化。

2. 将实验用微孔玻璃砂芯坩埚 2 只，于 180 ℃烘至恒重，保存于干燥器中，备用。

3. 用倾泻法将沉淀过滤至坩埚中，并用 80 ℃左右的热水洗涤沉淀至滤出液不含 Cl^- 为止。

4. 将坩埚于 180 ℃烘干，并称至恒重。

5. 根据 $BaSO_4$的重量，用换算因数计算测定结果。

五、实验数据及处理

项目 \ 次序	Ⅰ	Ⅱ
称量瓶＋试样重(倒出前)/g		
称量瓶＋试样重(倒出后)/g		
试样重/g		
坩埚＋$BaSO_4$重/g		
坩埚重/g		
$BaSO_4$重/g		
S/%		
S/%平均值		
相对偏差		

♨注意事项

（1）样品加去离子水溶解时，如有不溶性残渣，应过滤除去。再用稀盐酸洗涤残渣数次。

（2）Ba^{2+}可与许多阴离子结合生成沉淀，但除 $BaSO_4$和 $BaSiF_6$外，均可溶解于盐酸。而 $BaSiF_6$不常见。所以保持溶液微酸性，可避免混入其他钡盐。

（3）为获得颗粒较大的晶形沉淀，除保持试样溶液酸性、较稀、加热状态外，还应注意缓慢加入沉淀剂，以降低过饱和度。沉淀剂过量，可减少沉淀的损失，所以 $BaCl_2$量要多加 20%。生成的沉淀还需陈化。即将热溶液放置 12 小时以上，使其生成较大颗粒，避免过滤时，细颗粒通过坩锅细孔而损失。

（4）NO_3^-、Cl^-、Fe^{3+} 和碱金属离子等都易与 $BaSO_4$ 发生共沉淀，应该避免这些干扰离子。

（5）玻璃坩锅可用 EDTA 的氨性溶液洗涤，除去 $BaSO_4$ 沉淀，以便重复使用。

六、思考题

1. 计算 $BaCl_2$ 应该加入的量和列出 S% 的计算式。
2. 应如何控制晶形沉淀的沉淀条件？
3. 为何要将沉淀洗至无 Cl^-？怎样检查 Cl^-？
4. 为什么要控制在一定酸度的盐酸介质中进行沉淀？
5. 什么叫恒重？为什么要恒重？

第五章　电位分析实验

实验15　离子选择性电极法测定水中微量F^-的含量

一、实验目的

1. 学习直接电位法的基本原理及离子计的操作方法。

2. 掌握用氟离子选择性电极测定水中微量氟离子的标准曲线法及标准加入法。

二、实验原理

应用电位测定法（直接电位法）测定溶液中的离子活度是以离子选择性电极作指示电极与参比电极构成原电池，并测量其电动势。使用氟离子选择性电极测定F^-活度时，以氟离子选择电极为指示电极、饱和甘汞电极为参比电极，插入含F^-待测试液中，构成如下电池：

$$\underbrace{Hg, Hg_2Cl_2 \mid KCl(\text{饱和})}_{\text{甘汞电极}} \parallel \text{试液} \mid \underbrace{LaF_3 \mid NaF, NaCl \mid AgCl, Ag}_{\text{氟离子选择性电极}}$$

若忽略液接电位，则该电池的电动势

$$\Delta E = K' - 0.059\log \alpha_{F^-}$$

式中K'为常数，即电动势与溶液中氟离子活度的对数成线性关系。据此可利用已知离子活度的标准溶液为基准，通过测量标准溶液和未知溶液的电动势来测定水中微量氟离子的含量。

目前，常用的氟离子活度定量分析法包括标准曲线法和标准加入法。通过加入总离子强度调节缓冲剂，可使电动势与溶液中氟离子浓度的对数呈线性关系，并消除水中共存离子的干扰及酸度的影响。

三、主要试剂与仪器

1. 试剂

氟离子标准溶液（100 μg/mL，1000 μg/mL）；水样品溶液；总离子强度调节缓冲剂（0.5 mol/L柠檬酸钠－1.0 mol/L硝酸钾溶液，pH 5.5）。

2. 仪器

离子计（任一型号）；配氟离子选择性电极、双盐桥饱和甘汞电极；恒温磁力搅拌器、磁搅拌子；容量瓶 50 mL；烧杯 100 mL；吸量管 1 mL、5mL。

四、实验步骤

(一) 标准曲线法

1. 标准曲线的绘制

取 6 个 50 mL 容量瓶，分别加入 100 μg/mL 的 F^- 标准溶液 1.00 mL、1.50 mL、2.00 mL、3.00 mL、4.00 mL 和 5.00 mL，再加入 10 mL 总离子强度调节缓冲液，水稀释至刻度，摇匀。将溶液分别倒入洁净、干燥的 100 mL 烧杯中，待电位测定。

将氟离子选择性电极和饱和甘汞电极旋入离子计旋塞，取下电极保护套，注意检查电极中饱和 KCl 溶液的量，洗净，擦干。打开仪器开关，选择 mV 测定档。按标准溶液的浓度由低到高的顺序，依次放入电极和磁搅拌子，开启磁力搅拌器，待仪器稳定后，记下测得的毫伏数。

2. 水样的测定

由教师发含 F^- 水样 5.00 mL 于 50 mL 容量瓶中，加 10 mL 总离子强度调节缓冲剂，稀至刻度，摇匀。同上测定电位值 E_1。

(二) 标准加入法

在上述水样的烧杯中准确加入 0.50 mL 浓度为 1000 μg/mL 的 F^- 标准溶液，搅拌均匀后，测其电位值 E_2。

测定结束，取出电极冲洗干净，套上电极保护套，关闭仪器。

五、实验数据及处理

V_{F^-} / mL	1.00	1.50	2.00	3.00	4.00	5.00	x	$x+c_\Delta$
c_{F^-} / μg/mL								
$\lg c_{F^-}$								/
E/mV								

1. 标准曲线法：以 $\lg c_{F^-}$ 为横坐标，电动势 E 为纵坐标，绘制 $\lg c_{F^-}$ -E 标准曲线。根据水样测定的 E_1 值，在标准曲线上查得 $\lg c_x$，计算含 F^- 水样的 F^- 浓度。

2. 根据公式计算水样中含氟量：

$$c_{F^-}(\mu g/mL) = \frac{10c_\Delta}{10^{\Delta E/S}-1}$$

式中：$c_\Delta = \frac{V_S \cdot c_S}{V_0} = \frac{0.5\times1000}{50} = 10\ \mu g/mL$，$\Delta E = E_2 - E_1$，$S = \pm\frac{0.059}{n}$ (25 ℃，$n=1$)

3. 比较上述两方法所得结果。

六、思考题

1. 用氟离子选择性电极测得的是 F^- 的浓度还是活度？怎样测定 F^- 的浓度？

2. 总离子强度调节缓冲剂由哪些组分构成？各组分的作用？

实验 16　亚铁盐含量的测定——电位滴定法

一、实验目的

1. 学习用重铬酸钾法测定 Fe^{2+} 含量的基本原理和电位滴定的实验操作。
2. 学习绘制 $E-V$、$\Delta E/\Delta V-V$ 和 $\Delta^2E/\Delta V^2-V$ 曲线，并确定滴定终点。
3. 掌握用二级微商计算法确定滴定终点的方法。

二、实验原理

$K_2Cr_2O_7$ 的氧化能力虽比 $KMnO_4$ 稍弱，但它具有试剂纯度高，可用直接法配制，标准溶液稳定等优点，滴定时可用氧化还原指示剂二苯胺磺酸钠指示滴定的终点。

用 $K_2Cr_2O_7$ 法滴定 Fe^{2+} 的反应为：

$$Cr_2O_7^{2-}+6Fe^{2+}+14H^+ = 2Cr^{3+}+6Fe^{3+}+7H_2O$$

它们的半反应式如下：

$$Cr_2O_7^{2-}+14H^++6e = 2Cr^{3+}+7H_2O$$
$$Fe^{3+}+e = Fe^{2+}$$

在 0.5 mol · L^{-1} H_2SO_4 介质中，两电对的条件电位分别为 $\varphi^{\theta} = 1.08$ V 和 $\varphi^{\theta} = 0.68$ V。

上述滴定亦可采用电位滴定法进行，即根据滴定过程中化学计量点附近的电位突越确定滴定的终点。由于该反应中两电对的氧化态和还原态均为离子，因此可用惰性金属铂电极作指示电极，饱和甘汞电极作参比电极组成原电池。

$$Pt \mid Fe^{2+}, Fe^{3+} \parallel KCl（饱和） \mid Hg_2Cl_2 \mid Hg$$

滴定过程中，参比电极的电位恒定不变（$\varphi^{\theta}_{Hg_2Cl_2/Hg}=0.28$ V），指示电极电位随滴定剂的加入变化，电池电动势因之变化，在化学计量点附近产生电位突跃，由此指示滴定终点。

电位滴定的滴定终点可采用 $E-V$、$\Delta E/\Delta V$　V 和 $\Delta^2E/\Delta V^2-V$ 曲线法以及二级微商计算法来确定。根据电位滴定终点时滴定剂消耗的体积和滴定剂的浓度，计算 Fe^{2+} 的含量。

三、主要试剂与仪器

1. 试剂

重铬酸钾（A. R 级）；硫酸亚铁铵试样溶液；硫磷混合酸（15％＋15％）；二苯胺磺酸钠指示剂（1％水溶液）。

2. 仪器

电子分析天平 精度 0.1 mg；离子计（任一型号）配 ORP 复合电极；恒温磁力搅拌器、磁搅拌子；烧杯 100 mL、400 mL；容量瓶 250 mL；移液管 25 mL；锥形瓶 250 mL；滴定管（酸式）50 mL；量筒 50 mL。

四、实验步骤

1. 0.01 mol · L^{-1} $K_2Cr_2O_7$ 标准溶液的配制

准确称取纯净干燥的$K_2Cr_2O_7$约 0.74 g（精确至 0.1 mg）于 100 mL 烧杯中，溶解后转移至 250 mL 容量瓶，稀释至刻度，摇匀。计算$K_2Cr_2O_7$溶液的浓度。

2. 试样溶液的配制

将指导教师所发的试样（20.00 mL，置于 250 mL 容量瓶内）稀释至刻度，摇匀备用。

3. 化学指示剂法滴定

用移液管吸取 25.00 mL Fe^{2+} 试液于 250 mL 锥形瓶中，加入 30 mL 硫磷混合酸、20 mL 去离子水和 2 滴二苯胺磺酸钠指示剂，用$K_2Cr_2O_7$标准溶液滴定至溶液由绿色突变为紫色，即为终点，得 $V_{参}$。

4. 电位滴定

(1) 将 ORP 复合电极旋入离子计旋塞，取下电极保护套，洗净。打开仪器开关，选择 mV 测定档。

(2) 移取 Fe^{2+} 试液 25.00 mL 于 400 mL 烧杯中，加入 30 mL 硫磷混合酸、20 mL 去离子水。插入电极，使电极浸入液面下 1 cm 左右，放入搅拌子，开动磁力搅拌器，调节至适当的搅拌速度，待仪器读数稳定，测定溶液起始电动势值。

注意　拧紧电极接口以免接触不良；注意电极放置的高低，既要插入液面，又要让磁性转子有充分的旋转余地，避免损坏电极。

(2) 滴加$K_2Cr_2O_7$标准溶液，测定滴定过程中溶液相应的电动势值并记录。

开始时，每加 5 mL $K_2Cr_2O_7$溶液测一次电位；临近 $V_{参}$ 前，每加 1 mL $K_2Cr_2O_7$溶液测一次电位；突越点附近，每加入 0.1 mL $K_2Cr_2O_7$溶液（精确读数）测一次电位。化学计量点后，再测一定点数，可逐渐加大滴定剂体积以便于数据处理和作图。

(3) 滴定结束，取出电极冲洗干净，套上电极保护套，关闭仪器。

五、实验数据处理

1. 电位滴定数据和化学计量点附近数据的处理：

$V_{滴定剂}$/mL	E/mV	$\Delta E/\Delta V$	$V'_{滴定剂}$/mL	$\Delta^2 E/\Delta V^2$	$V''_{滴定剂}$/mL

2. 根据数据，用坐标纸绘制：(1) $E-V$ 曲线；(2) $\Delta E/\Delta V-V$ 曲线；(3) $\Delta^2 E/\Delta V^2-V$ 曲线，并在图中确定滴定终点。

3. 用二级微商计算法计算滴定终点，并与上述作图法的结果进行比较。

4. 计算试样中亚铁盐的含量。

$$c_{Fe^{2+}}=\frac{6c_{K_2Cr_2O_7}\times V_{K_2Cr_2O_7}\times M_{Fe}}{20.00\times\dfrac{25.00}{250.0}}\ (g/L)$$

六、思考题

1. 实验中加 H_3PO_4 的作用是什么？

2. 为什么本实验选用铂电极作指示电极？

3. $E-V$ 曲线上化学计量点的位置是否在突跃的中点？为什么？

实验 17　硫、磷混合酸的电位滴定

一、实验目的

1. 学习运用电位滴定分析测定混合酸含量的方法。

2. 掌握混酸滴定的实验操作和实验数据处理方法。

二、实验原理

硫酸和磷酸均为强酸，硫酸 $pK_{a2}=1.99$，磷酸 $pK_{a1}=2.12$、$pK_{a2}=7.20$、$pK_{a3}=12.36$。因此，当用标准碱溶液滴定时，硫酸可全部被中和；磷酸有两个滴定突越。根据滴定过程中 pH 值的变化，可以确定滴定终点，进而求得两组分的含量。

用电位滴定法测定硫、磷混合酸含量时，使用玻璃电极作指示电极，饱和甘汞电极作参比电极，构成原电池：

$$(-)\ Ag, AgCl \mid H^+(0.1\ mol/L) \mid 玻璃膜 \mid H^+(x\ mol/L) \parallel KCl(饱和) \mid Hg_2Cl_2, Hg\ (+)$$

$$电池电动势\ E=E_{甘汞}-E_{玻}+\Delta E_L+\Delta E_{不对称}=K'+0.059\ pH_{试}$$

通过测量滴定过程中溶液 pH 值随标准 NaOH 溶液加入体积的变化，绘制 $pH-V$ 曲线、$\Delta pH/\Delta V-V$ 曲线和 $\Delta^2 pH/\Delta V^2-V$ 曲线，在曲线上（或用二次微商计算法）求出各滴定终点时消耗 NaOH 溶液的体积，分别计算混酸中硫酸和磷酸的含量。

三、主要试剂与仪器

1. 试剂

NaOH 标准溶液（0.05 mol/L）；H_2SO_4、H_3PO_4混合酸试样溶液。

2. 仪器

离子计（任一型号）配复合玻璃电极；恒温磁力搅拌器，磁搅拌子；移液管 5 mL、10 mL；容量瓶 100 mL；烧杯 100 mL；微量滴定管 10 mL。

四、实验步骤

1. 移取 5.00 mL 硫、磷混合酸试样溶液于 100 mL 容量瓶中，用水稀释至刻度，摇匀。

2. 在离子计上装好复合玻璃电极，注意检查电极中饱和 KCl 溶液的量，若饱和 KCl 溶液量太少，可从电极上部小口适量补加，然后拿掉电极保护套，打开仪器开关，选择 pH 测定档。

3. 粗测。移取 10.00 mL 稀释的混酸试样于 100 mL 烧杯中，加水至约 30 mL，放入磁搅拌子，插入复合电极（注意电极的玻璃泡应浸入测定溶液中），开启磁力搅拌器，调节至适当的搅拌速度，分别测量 NaOH 滴定体积为 0.00 mL、1.00 mL、2.00 mL…8.00 mL、9.00 mL、10.00 mL 时溶液的 pH 值。初步判断混酸滴定突越时消耗 NaOH 溶液的体积范围。

4. 细测。移取 10.00 mL 稀释混酸试样于 100 mL 烧杯中，加水至约 30 mL，放入磁搅拌子，插入复合电极，开启磁力搅拌器，分别测量 NaOH 滴定时溶液相应的 pH 值。根据粗测时滴定突越的 NaOH 体积，在 pH 突越附近，应以 0.10 mL 为 NaOH 体积增量进行滴定。记录 NaOH 滴定体积及溶液的 pH 值。

5. 实验结束洗净电极，套入电极保护套，关闭仪器。

五、实验数据处理

1. 实验数据记录格式

粗测

V_{NaOH}/mL	0.0	1.0	2.0	3.0	4.0	5.0	6.0	7.0	8.0	9.0	10.0
pH											

细测

V_{NaOH}/mL														
pH														
$\Delta pH/\Delta V$														
$\Delta^2 pH/\Delta V^2$														

2. 根据以上数据，绘制：(1) pH—V 曲线；(2) $\Delta pH/\Delta V$—V 曲线；(3) $\Delta^2 pH/\Delta V^2$—V 曲线，并在图中确定滴定终点 V_{ep1} 和 V_{ep2}。

3. 用二级微商计算法计算 V_{ep1} 和 V_{ep2}。

4. 计算原始试液中 SO_3 和 P_2O_5 的含量，以 g/L 表示。

六、思考题

1. 测定混酸中的各组分含量时，为什么需要粗测和细测两个步骤？

2. 混酸测定中的两个 pH 突越，是何种物质与 NaOH 反应产生的？请写出反应的方程式。

实验 18　混合酸含量的测定——电导滴定法

一、实验目的

1. 学习电导分析的基本原理和电导率仪的使用方法。

2. 掌握电导滴定分析混合酸含量的方法。

二、实验原理

溶液的电导率也称比电导，是单位体积溶液的导电能力。以测量电解质溶液的电导为基础的分析方法称作电导分析法。电解质溶液的电导率与溶液的组成和浓度相关，此外，电导率还受温度等外界条件的影响，如温度升高，离子的移动速度增大，电导率随之增加；另外空气中的 CO_2、NH_3 等溶解后，也会影响溶液的电导率。

本实验以标准 NaOH 溶液电导滴定 HCl 和 HAc 的混合溶液，根据测定滴定过程中溶液的电导率值绘制滴定曲线，从而确定滴定终点。滴定反应如下：

$$Na^+ + OH^- + H^+ + Cl^- = Na^+ + Cl^- + H_2O$$

$$Na^{+} + OH^{-} + HAc = Na^{+} + Ac^{-} + H_2O$$

滴定过程中，由于溶液中迁移率（或称离子的摩尔电导）较大的 H^{+} 被加入的 OH^{-} 中和，生成迁移率较小的 Na^{+}，故溶液的电导率值不断下降；过了 HCl 滴定终点后，继续加入的 NaOH 与 HAc 反应，电离度较小的 HAc 变成强电解质 NaAc，溶液的电导率值逐渐升高；当 HAc 被完全中和后，再加入 NaOH 溶液，由于 OH^{-} 有较大的迁移率，则过量的 OH^{-} 使溶液的电导率值迅速上升，如图 18－1 所示。

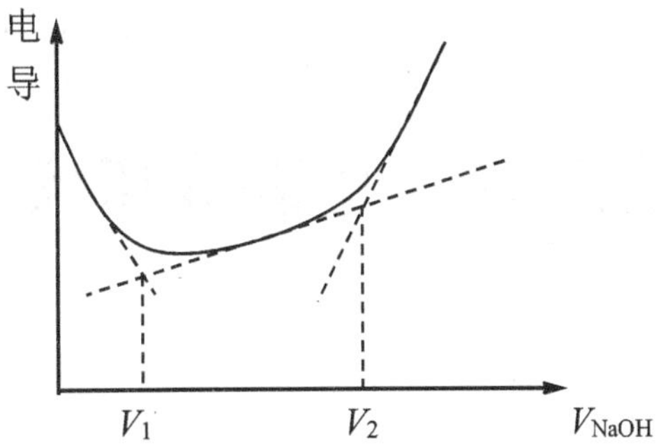

图 18－1　标准 NaOH 溶液滴定 HCl 和 HAc 混合液的电导滴定曲线

V_1——中和 HCl 所消耗 NaOH

V_2——中和 HCl 和 HAc 所消耗 NaOH

如图所示，在滴定曲线上做三条切线，切线的两个交点所对应的 NaOH 体积 V_1 和 V_2，即为滴定 HCl 和总酸的 NaOH 终点体积。据此，可分别计算混酸中 HCl 和 HAc 的含量。

三、主要试剂与仪器

1. 试剂

NaOH 标准溶液（0.2 mol/L）；HCl、HAc 混合试样溶液。

2. 仪器

电导率仪，铂黑电极；恒温磁力搅拌器，磁搅拌子；移液管 10 mL；烧杯 400 mL；微量滴定管 10 mL。

四、实验步骤

移取 10.00 mL 未知混合酸溶液于 400 mL 烧杯中，加水至约 200 mL，放入磁搅拌子，置于磁力搅拌器上。将铂黑电极浸入测定溶液中，测定电导率值。

以标准 NaOH 溶液滴定，每滴加 0.50 mL NaOH 溶液，搅拌均匀，测定一次电导率值。电导率值由开始滴定时减小至显著增加后，再滴加适量。实验结束后洗净电极并将其浸泡在去离子水中。

五、实验数据处理

V_{NaOH}/mL	0.00	0.50	1.00	1.50	2.00	2.50	3.00	3.50	4.00	4.50	5.00	5.50	6.00	6.50	7.00
电导率 /($\Omega^{-1}cm^{-1}$)															

1. 根据以上数据，以溶液的电导率值为纵坐标，NaOH 标准溶液的体积为横坐标，绘制混合酸的电导滴定曲线。

2. 用三切线法确定滴定 HCl 和总酸终点时标准溶液的体积，计算混酸中 HCl 和 HAc 的含量。

六、思考题：

1. 什么叫溶液的电导率？有何物理意义？

2. 影响电导率的因素有哪些？

第六章　光谱分析实验

实验 19　水中微量铁含量的测定——目视比色和分光光度法

一、实验目的

1. 了解目视比色法和分光光度法定量的原理。
2. 熟悉分光光度计的使用以及吸收曲线、标准曲线的制作。
3. 掌握用邻菲罗啉作显色剂测定水中微量铁的原理和实验方法。
4. 学习用分光光度法测定配位化合物组成的方法。

二、实验原理

分光光度法是基于物质对光的选择性吸收建立的分析方法，包括比色法和可见分光光度法等。一定条件下，物质对光的吸收符合朗伯一比尔定律，即：

$$A=-\lg T=\lg (I_0/I_t)=\varepsilon bc$$

式中：A 为吸光度；T 为透射率；I_0为入射光强；I_t为透射光强；ε 为摩尔吸光系数；b 为吸收光程；c 为物质的浓度。根据物质的浓度 c 与其吸光度 A 之间的正比例关系（物质的浓度 c 与其颜色之间的正比例关系），可用标准曲线法测定有色物质的含量。

在 pH ＝ 3～9 的溶液中，邻菲罗啉（phen）与 Fe^{2+} 反应生成稳定的橙红色配合物，反应式如下：

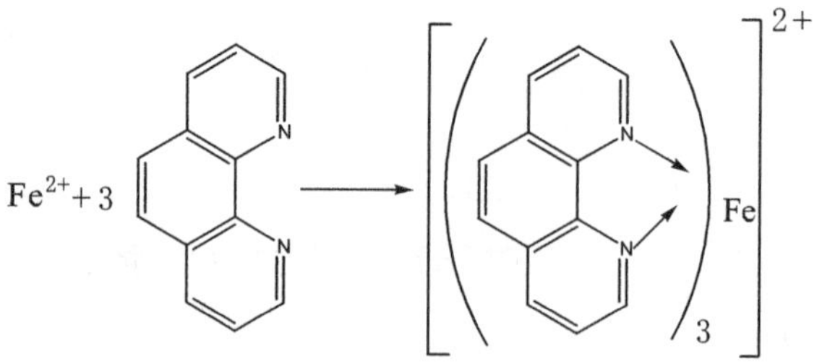

该配合物的摩尔吸光系数 $\varepsilon=1.1\times10^4\ L\cdot mol^{-1}\cdot cm^{-1}$，最大吸收峰在 510 nm 处。

若溶液的酸度过高（$pH<2$），则显色反应进行缓慢且生成的有色配合物颜色浅；酸度太低，Fe^{2+} 会水解影响显色。所以实验使用 HAc-NaAc 缓冲溶液控制溶液的 pH 值为 4.6 左右。

三价铁也与邻菲罗啉反应生成稳定的无色配合物。因此，需使用盐酸羟胺将三价铁还原为二价铁，然后测定其含量。

$$4Fe^{3+} + 2NH_2OH \cdot HCl \rightarrow 4Fe^{2+} + N_2\uparrow + 2H_2O + 4H^+ + 2Cl^-$$

三、主要试剂与仪器

1. 试剂

Fe^{3+}溶液：220 μg/mL、0.001 mol/L；邻菲罗啉水溶液：0.10%、0.001 mol/L；盐酸羟胺水溶液（1%，临用时配）；HAc-NaAc 缓冲溶液（0.25 mol/L）；未知 Fe 样品溶液。

2. 仪器

分光光度计（任一型号），配 1 cm 比色皿；比色管 50 mL；吸量管 1 mL、5 mL；容量瓶 50 mL。

四、实验步骤

（一）比色法测定铁含量

1. 标准系列溶液和未知样品溶液的配制

取 6 只 50 mL 比色管，分别加入 220 μg/mL 的标准铁溶液 0 mL、0.20 mL、0.40 mL、0.60 mL、0.80 mL、1.00 mL，然后加入 5 mL 1%盐酸羟胺溶液，摇匀。再依次加入 5 mL HAc-NaAc 缓冲溶液和 5 mL 0.10%邻菲罗啉溶液，水稀释至刻度，摇匀。

在装有 1.00 mL 未知试样的 50 mL 比色管中（向教师领取），同上步骤配制成 Fe^{2+}-邻菲罗啉试样溶液。

2. 目视比色测定样品中铁含量

溶液摇匀 10 min 后，在白色背景下从比色管口向下观察溶液的颜色，根据比色管中溶液颜色的深浅确定未知样品中铁的含量。若未知样品的颜色与某一标准溶液颜色相同，则两者浓度相同；若未知样品的颜色介于某相邻两标准溶液的颜色之间，则应根据样品溶液的颜色与标准溶液颜色接近的程度估算其含量。

（二）分光光度法测定铁含量

1. 吸收曲线的制作

取上述标准系列中的任一标准溶液（如含 0.40 mL 标准铁溶液）作为测试溶液，在分光光度计上用 1 cm 比色皿，以试剂空白为参比溶液，在波长为 440～560 nm 间每隔 10 nm 测定一次标准溶液的吸光度。然后以波长为横坐标，吸光度为纵坐标，绘制吸收曲线（$A\sim\lambda$ 曲线），确定最大吸收波长 λ_{max}。

2. 标准曲线的制作和未知试样的测定

在 λ_{max} 下，用 1 cm 比色皿，以试剂空白为参比，按浓度由低到高的顺序依次测定各标准系列溶液的吸光度。绘制标准工作曲线（$A-c$ 曲线）。

然后，在与制作标准曲线相同的测试条件下，测定未知样品溶液的吸光度值，在标准曲线上查得相应的铁含量。

注意： 仔细洗涤并正确使用比色皿。

（三）配合物组成的测定

取 8 只 50 mL 容量瓶，各加入 1.00 mL 0.001 mol/L 标准铁溶液和 5 mL 1%盐酸羟

胺溶液，摇匀。再分别加入 5 mL HAc-NaAc 缓冲溶液以及 0.001 mol/L 邻菲罗啉水溶液 1.00 mL、1.50 mL、2.00 mL、2.50 mL、3.00 mL、3.50 mL、4.00 mL 和 4.50 mL，水稀释至刻度，摇匀。

在所选择的波长下，用 1 cm 比色皿，以去离子水为参比，测定各溶液的吸光度值。然后以吸光度 A 为纵坐标，邻菲罗啉和铁的浓度比 c_R/c_M 为横坐标作图，根据曲线上前后两部分延长线的交点所对应的横坐标确定配合物的配位比。

实验结束，取出比色皿，洗净，关闭分光光度计。

五、实验数据及处理

1. 记录实验数据，表格自行设计。
2. 用坐标纸绘制吸收曲线（$A-\lambda$ 曲线）。
3. 绘制标准曲线（$A-c$ 曲线）。
4. 计算样品中的铁浓度。
5. 绘制 $A-c_R/c_M$ 曲线，确定配合物的配位比。

六、思考题

1. 目视比色法和分光光度法的实验原理有何异同？
2. 实验中加入的三种试剂，盐酸羟胺、HAc-NaAc 和邻菲罗啉各起什么作用？
3. 溶液的酸度对邻菲罗啉-铁的吸光度有何影响？
4. 在本实验的各项测定中，哪些试剂的加入量要比较准确，哪些试剂则可不必，为什么？
5. 什么是空白溶液？在本实验中采用何种空白？

实验 20　混合色素溶液中柠檬黄和日落黄浓度的测定——双组分分光光度分析法

一、实验目的

1. 了解吸光度的加和性及用分光光度法测定混合组分的原理。
2. 学习摩尔吸光系数的测定方法。
3. 掌握用分光光度法测定混合色素溶液中柠檬黄和日落黄浓度的方法。

二、实验原理

对于含有多种吸光物质的混合试液的分析，若各组分的最大吸收峰未完全重叠，在一定条件下可用分光光度法同时测定而无需分离。例如，在乙酸铵介质中柠檬黄和日落黄色素的吸收曲线如图 20-1 所示：

根据吸光度的加和性，可分别测定柠檬黄和日落黄最大吸收波长 426 nm 和 482 nm 处的吸光度，然后建立联立方程式，求出混合试液中柠檬黄与日落黄的含量。

$$A_{426\text{nm}}(\text{总})=A_{426\text{nm}}(\text{柠檬黄})+A_{426\text{nm}}(\text{日落黄})$$
$$=\varepsilon_{(\text{柠檬黄})426}bc_{(\text{柠檬黄})}+\varepsilon_{(\text{日落黄})426}bc_{(\text{日落黄})} \quad (1)$$

$$
\begin{aligned}
A_{482nm}(\text{总}) &= A_{482nm}(\text{柠檬黄}) + A_{482nm}(\text{日落黄}) \\
&= \varepsilon_{(\text{柠檬黄})482} bc_{(\text{柠檬黄})} + \varepsilon_{(\text{日落黄})482} bc_{(\text{日落黄})} \qquad (2)
\end{aligned}
$$

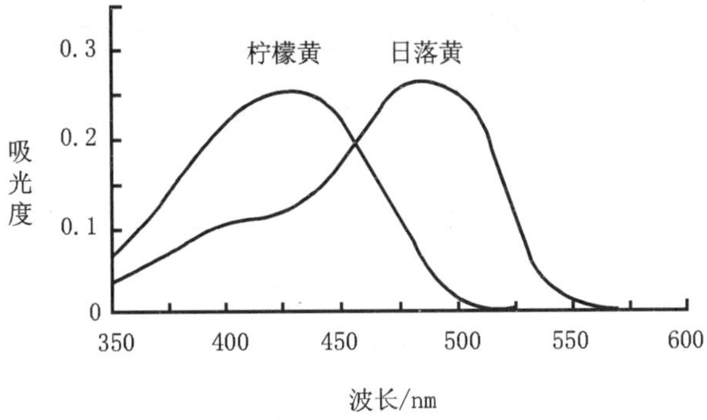

图 20－1　乙酸铵介质中柠檬黄与日落黄色素的吸收曲线

三、主要试剂与仪器

1. 试剂

柠檬黄溶液（0.2 g·L^{-1}，乙酸铵溶液）；日落黄溶液（0.2 g·L^{-1}，乙酸铵溶液）；柠檬黄和日落黄混合试液；乙酸铵溶液（1.5 g·L^{-1}）。

2. 仪器

分光光度计（任一型号），配 1 cm 比色皿；吸量管 5 mL；容量瓶 50 mL。

四、实验步骤

1. 柠檬黄在 426 nm 和 482 nm 处 ε 的测定

分别吸取 0.2 g·L^{-1} 柠檬黄标准储备液 1.00、3.00、5.00 mL 至 50 mL 容量瓶中，用 1.5 g·L^{-1} 乙酸铵溶液稀释至刻度，摇匀。用 1 cm 比色皿，以试剂空白为参比，测定各柠檬黄溶液在 426 nm 和 482 nm 处的吸光度。

按式 $\varepsilon = A/bc$ 分别计算不同浓度柠檬黄溶液的 $\varepsilon_{(\text{柠檬黄})426}$ 和 $\varepsilon_{(\text{柠檬黄})482}$，取平均值。

2. 日落黄在 426 nm 和 482 nm 处 ε 的测定

分别吸取 1.00、3.00、5.00 mL 日落黄标准溶液（0.2 g·L^{-1}）至 50 mL 容量瓶中，用 1.5 g·L^{-1} 乙酸铵溶液稀释至刻度，摇匀。同上方法测定各浓度日落黄溶液于 426 nm 和 482 nm 处的吸光度，计算 $\varepsilon_{(\text{日落黄})426}$ 和 $\varepsilon_{(\text{日落黄})482}$。

3. 混合溶液中柠檬黄和日落黄浓度的测定

用 50 mL 容量瓶向教师领取 5.00 mL 未知混合色素试液一份，用 1.5 g·L^{-1} 乙酸铵溶液稀释至刻度，摇匀。

以试剂空白为参比，用 1 cm 比色皿分别测定其在 426 nm 和 482 nm 处的吸光度。然后解二元联立方程，求出混合试液中柠檬黄和日落黄的浓度。

五、实验数据及处理

1. 实验数据记录格式

溶液	柠檬黄			日落黄			未知
溶液体积 V/mL	1.00	3.00	5.00	1.00	3.00	5.00	5.00
溶液浓度 c/g/L							x
A_{426nm}							
ε_{426}							/
平均 ε_{426}							/
A_{482nm}							
ε_{482}							/
平均 ε_{482}							/

2. 混合液中各组分浓度计算

$$c_{日落黄} = \frac{A_{426nm}(总) \cdot \varepsilon_{482nm}(柠檬黄) - A_{482nm}(总) \cdot \varepsilon_{426nm}(柠檬黄)}{\varepsilon_{426nm}(日落黄) \cdot \varepsilon_{482nm}(柠檬黄) - \varepsilon_{426nm}(柠檬黄) \cdot \varepsilon_{482nm}(日落黄)}$$

$$c_{(柠檬黄)} = \frac{A_{426nm}(总) - c(日落黄) \cdot \varepsilon_{426nm}(日落黄)}{\varepsilon_{426nm}(柠檬黄)}$$

式中，ε 为摩尔吸收系数，可分别根据柠檬黄和日落黄在波长为 426 nm 和 482 nm 处的标准曲线求得（ε 即为标准曲线的斜率）。

六、思考题

1. 双组分分光光度分析的依据是什么？
2. 本实验中配制溶液时为何加入乙酸铵？
3. 如何测定不同波长处溶液的摩尔吸光系数？
4. 如何进行双组分分光光度分析？

实验 21　紫外分光光度法测定微量硝酸钾的含量

一、实验目的

1. 学习吸收曲线的绘制方法。
2. 掌握利用标准曲线进行微量组分测定的紫外分光光度法及相关计算。
3. 熟练紫外分光光度计的操作。

二、实验原理

KNO_3溶液在紫外光区有吸收，最大吸收波长约为 300 nm。依据郎伯-比耳定律，在一定的浓度范围内，吸光度与被测组分浓度间呈线性关系，故可用标准曲线法，在合适的波长下，测定微量 KNO_3的含量。

三、主要试剂与仪器

1. 试剂

硝酸钾标准溶液（50 mg/mL）；硝酸钾试样溶液。

2. 仪器

紫外-可见分光光度计（任一型号），配 1 cm 石英比色皿；烧杯 100 mL；容量瓶 50 mL；吸量管 10 mL。

四、实验步骤

1. 标准系列溶液的配制

用吸量管分别移取 50 mg/mL 的硝酸钾标准溶液 2.00 mL、4.00 mL、6.00 mL、8.00 mL 和 10.00 mL 于 5 只 50 mL 容量瓶中，用去离子水定容，摇匀。

2. 吸收曲线的绘制

取任一浓度的硝酸钾标准溶液（如含 4.00 mL 硝酸钾的溶液），用 1 cm 石英比色皿，在紫外分光光度计上以去离子水为参比溶液，在 260～370 nm 波长范围内扫描测量吸光度值。根据 $A-\lambda$ 曲线，找出最大吸收波长 λ_{max}。

3. 标准曲线的绘制

在最大吸收波长 λ_{max} 处，以去离子水为参比，按浓度由低到高的顺序依次测定 1 cm 比色皿中各标准系列溶液的吸光度。绘制 $A-c$ 工作曲线。

4. 未知样品的测定

领取 5.00 mL 硝酸钾未知样品溶液于 50 mL 容量瓶中，水稀释至刻度，摇匀。在与标准曲线相同的实验条件下，测定其紫外吸光度值。从标准工作曲线上查出相应的硝酸钾浓度，再计算出原始试样中硝酸钾的含量。

五、实验数据及处理

1. 吸收曲线

λ (nm)	260	270	280	290	300	310	320	330	340	350	360	370
A												

2. 标准曲线

V/mL	2.00	4.00	6.00	8.00	10.00	试样
c/(mg/mL)						
A						

3. 计算原试样溶液中硝酸钾的含量。

六、思考题

1. 在紫外分光光度法中吸收曲线和标准曲线各有何实用意义？
2. 本实验在测量过程中为何使用石英比色皿？

实验 22　荧光光度分析法测定维生素 B_2 含量

一、实验目的

1. 学习荧光光度法的基本原理和实验方法。
2. 了解荧光光度计的结构和使用方法。

二、实验原理

荧光光度分析法是以测量荧光光谱和荧光强度为基础的分析方法。某些物质的分子被紫外或可见光激发后，激发态分子从激发态回到基态时可发射出比激发光波长更长的光—荧光（图 22-1）。荧光光谱与物质的分子结构有关，能反映物质的基本特性。同时，物质所发射的荧光强度 F 在一定的条件下与其浓度 c 间成线性关系，这是荧光法进行定量检测的重要依据。

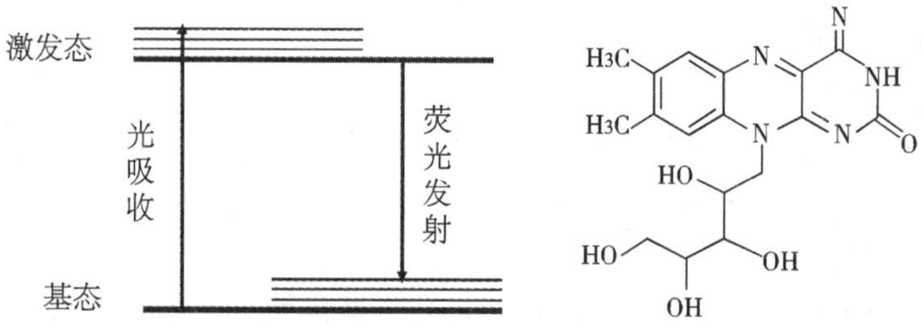

图 22－1　荧光发射示意图及维生素 B_2 分子结构示意图

对某一荧光物质的稀溶液（即 $A=\varepsilon bc <\!< 0.05$），荧光强度 F 与物质的浓度 c 间有以下关系：

$$F \approx 2.303 \Phi_f \varepsilon bc I_0$$

式中：Φ_f 为荧光量子效率，ε 为荧光分子的吸光系数，b 为试液的吸收光程，I_0 为入射光的强度。一般当 I_0 和 b 不变时，上式变为：

$$F \approx Kc$$

式中：K 为常数。可见在低浓度的情况下，荧光物质的荧光强度与其浓度呈线性关系，据此可进行定量分析。与分光光度法相比，荧光分析法具有高灵敏度和高选择性的优点。

本实验中的待测物质维生素 B_2 又叫核黄素，其分子结构如 22-1 所示，具有较大的平面刚性结构，因此在 430～440 nm 的蓝光照射下，维生素 B_2 可发射绿色荧光，最大发射波长在 535 nm 左右。维生素 B_2 在酸性和中性溶液中稳定，在 pH＝6～7 的溶液中荧光最强；而在 pH 11 的碱性溶液中维生素 B_2 经光照会发生分解，荧光消失。因此用荧光光度法测定维生素 B_2 的含量要控制溶液的 pH 值在酸性或中性范围内。

三、主要试剂与仪器

1. 试剂

维生素 B_2标准溶液（10.0 μg/mL），乙酸溶液，置于冰箱冷藏保存；维生素 B_2试样溶液。

2. 仪器

荧光分光光度计（任一型号），配 1 cm 石英荧光比色皿；容量瓶 50 mL；吸量管 5 mL。

四、实验步骤

1. 标准系列溶液的配制

在 5 个 50 mL 容量瓶中，分别加入 10.0 μg • mL^{-1}的维生素 B_2标准储备液 1.00 mL、2.00 mL、3.00 mL、4.00 mL 和 5.00 mL，用去离子水稀释至刻度，摇匀。

2. 激发光谱和荧光光谱扫描

按照荧光光度计的操作规程（见附录 1），开启仪器电源。预热 30 min 后，取上述任一标准系列溶液（如含维生素 B_2标准储备液 2.00 mL 的溶液），分别固定荧光发射波长（525 nm）进行激发光谱λ_{ex}扫描和固定激发波长（λ_{ex}^{max}）进行荧光光谱λ_{em}扫描，根据维生素 B_2的激发光谱和荧光光谱，确定最大激发波长 λ_{ex}^{max}和最大荧光发射波长 λ_{em}^{max}。

3. 标准工作曲线的绘制

设定最大激发波长 λ_{ex}^{max}和最大发射波长 λ_{em}^{max}为检测波长，用去离子水作空白，按照浓度由低到高的顺序，依次测量上述标准系列溶液的荧光强度。然后以浓度为横坐标，荧光强度为纵坐标，绘制标准工作曲线。

4. 未知样品的测定

向教师领取 2.00 mL 未知浓度的维生素 B_2试样溶液于 50 mL 容量瓶中，用去离子水稀释至刻度，摇匀。同上述绘制标准曲线的实验条件，测量荧光强度。根据标准工作曲线计算维生素 B_2的浓度。

五、实验数据及处理

1. 记录荧光最大激发波长和最大发射波长

2. 实验数据记录格式

样品编号	加入维生素 B_2标液体积/mL	维生素 B_2浓度/（μg • mL^{-1}）	荧光强度
1	1.00		
2	2.00		
3	3.00		
4	4.00		
5	5.00		
未知样品		x	

3. 计算原试样溶液中维生素 B_2的含量

♨注意事项

实验中，应注意样品溶液的浓度不能太高，否则浓度与荧光强度不成线性关系，造成实验误差。

六、思考题

1. 试解释荧光光度法较分光光度法灵敏度高的原因。
2. 本实验为何需在酸性溶液中测定？
3. 荧光发射波长是否与激发波长有关？
4. 荧光分光光度计与紫外分光光度计有何异同？

实验23　原子吸收光谱法测定自来水中钙、镁的含量

一、实验目的

1. 学习原子吸收光谱分析法的基本原理。
2. 了解原子吸收光谱仪的基本结构、工作原理及使用方法。
3. 学习用标准曲线法测定自来水中钙、镁含量的方法。

二、实验原理

原子吸收光谱法是基于物质的基态原子蒸气对特定光谱线的吸收作用建立的定量分析方法，具有干扰少、灵敏度和准确度高的优点，是实验室应用较为普遍的无机微量元素分析法。依据朗伯-比尔定律，一定条件下吸光度 A 与原子蒸气中待测元素的基态原子数成正比，即与待测溶液的浓度 c 间有正比例关系：

$$A=\lg\frac{I_0}{I_t}=kbc$$

式中，I_0 为入射光强；I_t 为透过光强；k 为吸收系数；b 为吸收光程。因此，常用标准曲线法作为原子吸收光谱分析的定量分析方法。即：配制一系列已知浓度的标准溶液，在一定的仪器条件下，依次测定其吸光度。然后以标准溶液的浓度为横坐标，相应的吸光度值为纵坐标，绘制标准曲线。试样经适当处理后，在相同的实验条件下测量其吸光度，在标准曲线上查出被测元素的含量。

标准曲线法通常用于分析基体成分比较简单的试样。若试样的基体成分比较复杂，则应在标准溶液中加入相同类型和浓度的基体成分，以消除或减小基体效应带来的干扰。必要时应采用标准加入法进行分析。本实验的试样自来水中的其他杂质元素对钙、镁的吸收光谱测定基本无干扰，因此，试样经适当稀释后，即可采用标准曲线法直接进行测定。

三、主要试剂与仪器

1. 试剂

钙标准溶液（100 $\mu g\cdot mL^{-1}$）；镁标准溶液（5 $\mu g\cdot mL^{-1}$）；自来水试样溶液。

2. 仪器

原子吸收光谱仪（任一型号），钙、镁空心阴极灯；空气压缩机，乙炔钢瓶；容量瓶 50 mL；吸量管 5 mL。

四、实验步骤

1. 实验条件

	Ca	Mg
吸收线波长 λ/nm	422.7	285.2
空心阴极灯电流 I/mA	20	10
狭缝宽 d/mm	0.2	0.2
燃烧器高 h/mm	6.0	6.0
乙炔流量/(L·min^{-1})	1.7	1.5
空气流量/(L·min^{-1})	12	12

2. 实验操作

(1) 钙镁混合标准系列溶液的配制

取 5 个 50 mL 容量瓶，分别准确移取 100 μg·mL^{-1}钙标准溶液 0.50、1.00、1.50、2.00、2.50 mL；5 μg·mL^{-1}镁标准溶液 1.00、2.00、3.00、4.00、5.00 mL，用去离子水稀释至刻度，摇匀。此混合标准系列溶液中钙的质量浓度分别为 1.00、2.00、3.00、4.00、5.00μg·mL^{-1}；镁的质量浓度分别为 0.10、0.20、0.30、0.40、0.50 μg·mL^{-1}。

(2) 自来水样品的制备

准确吸取适量的自来水样品至 50 mL 容量瓶中，用去离子水稀释至刻度，摇匀，备用。

(3) 按仪器的操作规程（见附录 1），开启原子吸收分光光度计，设置实验条件，待仪器稳定后即可进样测试。

(4) 测定前，先用去离子水喷雾，调节吸光度值至零点。然后按照浓度由低到高的顺序，依次分别测量钙标准系列溶液，得钙标准工作曲线。

(5) 在相同的实验条件下，测量水样中钙的吸光度值，得水样中钙的浓度。

(6) 按 (4)、(5) 相同的方法测量镁标准系列和水样中镁的吸光度，得水样中镁的浓度。

3. 仪器操作注意事项

(1) 火焰分析时，分析者必须在场操作，严禁火焰燃烧时无人看管。火焰异常（特别大或小，锯齿状）时应立即熄火，查明原因。错用燃气或接错输入气体管路，均有爆炸危险。注意仪器对规定的气体种类和压力均有要求。乙炔钢瓶压力降至 0.02 MPa 以下时，钢瓶中的溶剂可能溢出损坏气体管路，应立即更换钢瓶。

(2) 空心阴极灯使用 300～500 V 的高压，换灯应在关闭仪器电源后进行。除灯室的翻盖门外，操作时不允许敞开仪器其他壳盖，触及仪器内部的高压电路可能导致触电。

(3) 燃烧器燃烧时的温度极高，熄火后仍维持高温一段时间。清洁燃烧头必须当其完全冷却后进行（一般熄火 10 min 后）；空心阴极灯由于工作时温度较高，取换灯时应关灭灯的电流并等其冷却后进行。

(4) 原子吸收分析中会产生各种废气危害人和环境，操作中应保证实验室的排风正常运行（排风量为 600～1200 m^3/h）。

五、实验数据及处理

1. 记录实验条件

(1) 仪器型号。

(2) 吸收线波长/nm。

(3) 空心阴极灯电流/mA。

(4) 狭缝宽度/mm。

(5) 燃烧器高度/mm。

(6) 乙炔流量/($L \cdot min^{-1}$)。

(7) 空气流量/($L \cdot min^{-1}$)。

(8) 燃助比 乙炔∶空气。

2. 记录钙、镁标准系列溶液的吸光度值

钙的测定	钙标准溶液体积/mL	0.50	1.00	1.50	2.00	2.50	待测水样
	钙标准溶液浓度/($\mu g \cdot mL^{-1}$)						
	吸光度 A						
镁的测定	镁标准溶液体积/mL	1.00	2.00	3.00	4.00	5.00	
	镁标准溶液浓度/($\mu g \cdot mL^{-1}$)						
	吸光度 A						

3. 以元素的质量浓度为横坐标，吸光度为纵坐标，绘制标准曲线，并计算回归方程和线性相关系数。

4. 根据水样中钙、镁的吸光度，在上述标准曲线上分别查得水样中钙、镁的浓度（或用回归方程计算）。

5. 计算自来水中钙、镁的含量，以 $\mu g \cdot mL^{-1}$表示。

六、思考题

1. 简述原子吸收光谱法的基本原理。

2. 在原子吸收分析中，为何要用待测元素的空心阴极灯作光源？能否用氘灯或钨丝灯代替？为什么？

3. 如何选择最佳的实验条件？

4. 从安全上考虑，在实验操作上应注意哪些问题？

实验 24　原子吸收光谱法测定人发中微量元素的含量

一、实验目的

1. 了解人体的微量元素及其作用。

2. 学习头发样品的消解方法及原子吸收光谱仪的使用方法。

3. 进一步了解原子吸收光谱法在无机微量元素分析中的应用。

二、实验原理

人体中微量元素的种类及含量与人的健康息息相关。按微量元素对人体生物作用的性质，可将人体中的微量元素分为必需、无需、有害三类。人体必需的微量元素包括碘、锌、铁、铜、铬、锰、硒、钙、镁、钾等；而氟、铅、镉、汞、砷、铝、锡等元素具有潜在的毒性，只有低剂量时可能具有必需功能。

人体中微量元素的含量可通过对一定部位的头发进行检测来完成。头发是人体的排泄器官之一，具有记录微量元素和矿物质在体内蓄积和变化的功能，从而可间接反映微量元素在体内的某些代谢状况。

目前，对头发样品的消解方法主要采用湿法或干法消解；用原子吸收分光光度法、原子荧光分光光度法等光谱方法对其中的微量元素进行测定。本实验采用火焰原子吸收光谱法测定头发样品中的 Fe、Mn、Zn、Cu、Ca、Mg 等元素的含量，用标准曲线法进行定量，必要时采用标准加入法进行分析。

三、主要试剂与仪器

1. 试剂

Fe、Mn、Zn、Cu、Ca、Mg 元素标准溶液，1000 mg/L；浓硝酸、浓高氯酸为分析纯试剂；1% HNO_3溶液；头发样品，自行采集。

2. 仪器

原子吸收分光光度计（任一型号）；铁、锰、锌、铜、钙、镁空心阴极灯；空气压缩机，乙炔钢瓶；电子分析天平 精度 0.1 mg；烘箱、电加热板；布氏漏斗、抽滤装置；容量瓶、移液管、烧杯、表面皿等。

四、实验步骤

1. 实验条件

元素	波长/nm	灯电流/mA	狭缝宽/nm	燃烧器高/mm	乙炔流量/（L/min）	空气流量/（L/min）
Fe	248.3	12.5	0.2	7.5	2.0	15
Mn	279.5	7.5	0.4	7.5	2.2	15
Zn	213.9	5.0	1.3	7.5	2.0	15
Cu	320.7	7.5	1.3	7.5	2.2	15
Ca	422.7	7.5	1.3	7.5	2.4	15
Mg	285.2	7.5	1.3	7.5	2.2	15

2. 实验操作

（1）实验样品的采集及预处理

用不锈钢剪刀剪取不同性别及年龄段人体后颈部头发试样，剪成约 1 cm 的发段，用洗发水洗涤，再用自来水清洗数次后，转入布氏漏斗，用去离子水淋洗，80 ℃下烘干备用。

（2）发样的消解

称取发样 0.3 g（精确至 0.0001 g）置于 100 mL 烧杯中，加入 8 mL 浓 HNO_3、2 mL 浓 $HClO_4$，混匀后加盖，放置过夜。次日在电热板上加热消解，先 80 ℃低温消化 2 h 至泡沫基本消失，再升温至 120 ℃消化至泡沫完全消失后，升温至 150 ℃继续加热至近干（蒸发过程中应避免蒸干炭化）。溶液呈清澈无色或淡黄色，即为消解完全。冷却后转至

50 mL 容量瓶，用1% HNO_3定容，摇匀。同时做试剂空白。

(3) 标准溶液的配制

Fe标准系列溶液的配制：量取1000 mg/L Fe标准溶液5.00 mL于100 mL容量瓶中，用1% HNO_3稀释至刻度，摇匀。取此溶液0.00、2.00、5.00、8.00、10.00 mL于5个50 mL容量瓶中，用1% HNO_3定容，摇匀。此标准系列溶液的Fe浓度分别为0.00、2.00、5.00、8.00、10.00 mg/L。

Mn标准系列溶液的配制：量取Mn标准溶液（1000 mg/L）5.00 mL于100 mL容量瓶，用1% HNO_3定容，摇匀。取适量上述标准溶液，用1% HNO_3稀释制成浓度分别为0.00、1.00、2.00、3.00、4.00 mg/L的Mn标准系列溶液。

Zn标准系列溶液的配制：量取Zn标准溶液（1000mg/L）1.00 mL于100 mL容量瓶，用1% HNO_3定容，摇匀。取适量上述标准溶液，用1% HNO_3稀释制成浓度分别为0.00、0.20、0.40、0.60、0.80 mg/L的Zn标准系列溶液。

Cu标准系列溶液的配制：量取Cu标准溶液（1000 mg/L）5.00 mL于100 mL容量瓶，用1% HNO_3稀释至刻度，摇匀。取适量上述标准溶液，用1% HNO_3稀释制成浓度分别为0.00、1.00、2.00、3.00、4.00 mg/L的Cu标准系列。

Ca标准系列溶液的配制：量取Ca标准溶液（1000 mg/L）10.00 mL于100 mL容量瓶，用1% HNO_3定容，摇匀。将上述标准溶液用1% HNO_3稀释制成Ca浓度分别为0.00、2.50、5.00、7.50、10.00 mg/L的标准系列。

Mg标准系列溶液的配制：量取Mg标准溶液（1000 mg/L）5.00 mL于100 mL容量瓶，用1% HNO_3定容，摇匀。将上述标准溶液用1% HNO_3稀释制成Mg浓度分别为0.00、0.50、1.00、1.50、2.00 mg/L的标准系列。

(4) 火焰原子吸收测定

根据实验条件，按仪器操作步骤（见附录1）调节原子吸收分光光度计，待仪器稳定后进样分析。

测定前，先用空白溶液（1%HNO_3）喷雾，调节吸光度读数至零点。然后按照浓度由低到高的顺序，依次分别测量各元素的标准系列溶液，得标准曲线。再在相同的实验条件下，分别测量试剂空白和头发样品中各元素的吸光度，根据标准曲线得发样中各元素的含量。

五、实验数据及处理

1. 记录实验条件

(1) 仪器型号。

(2) 吸收线波长/nm。

(3) 空心阴极灯电流/mA。

(4) 狭缝宽度/nm。

(5) 燃烧器高度/mm。

(6) 乙炔流量/($L \cdot min^{-1}$)。

(7)空气流量/($L \cdot min^{-1}$)。

(8) 燃助比 乙炔：空气。

2. 记录各元素标准系列溶液和头发试样的吸光度值，表格自拟。

3. 以标准溶液的质量浓度为横坐标，吸光度为纵坐标，绘制标准曲线，并计算回归方程和线性相关系数。

4. 根据发样中测得的各元素的吸光度，在上述标准曲线上分别查得相应元素的浓度（或用回归方程计算）。

5. 计算头发样品中各元素的含量，以 $mg \cdot g^{-1}$表示。

六、思考题

1. 样品消解的目的是什么？常用的样品消解方法都有哪些？
2. 标准加入法与标准曲线法相比有哪些优缺点？

实验 25　苯甲酸红外吸收光谱的测绘——KBr 压片法制样

一、实验目的

1. 了解红外光谱测定的基本原理及固体试样晶片的制作方法。
2. 了解红外光谱仪的构造并掌握基本的操作技能。
3. 学会解析简单的红外光谱谱图。

二、实验原理

当一定频率（一定能量）的红外光照射分子时，若分子中某个基团的振动频率与红外辐射的频率一致，二者就会产生共振。此时，辐射能通过分子偶极矩的变化传递给分子，分子中的该基团吸收了一定频率的红外光后振动能级发生跃迁（由基态跃迁到了较高的振动能级），从而产生红外吸收光谱。

如果用连续改变频率的红外光照射某试样，并将分子吸收红外光的情况用仪器记录下来，就得到试样的红外吸收光谱图。由于分子在振动能级跃迁的同时伴随有转动能级的跃迁，因此所得的红外光谱不是简单的吸收线，而是一个个吸收带。

红外吸收光谱图的横坐标是红外光的波数（波长的倒数）：纵坐标是透过率，表示红外光照射样品薄膜上，光能透过的程度。

红外光谱主要用于分子结构的基础研究。应用最广泛的是化合物的结构鉴定，根据红外光谱的峰位、峰强及峰形，判断化合物中可能存在的官能团，从而推断出未知物的结构，是有机化合物结构测定和鉴定的重要方法之一，已广泛应用于有机化学、高分子化学、化工、材料、生物、医药等领域。

红外光谱分为三个区域：近红外、中红外和远红外区。有机化合物大部分基团的振动频率出现在 2.5～25 μm（4000～400 cm^{-1}）的中红外区，因此红外光谱通常指中红外光谱。

本实验用溴化钾晶体稀释苯甲酸试样，研磨均匀后，压制成晶片，测绘试样的红外吸收光谱。

三、主要试剂与仪器

1. 试剂

苯甲酸，分析纯；KBr，光谱纯。

2. 仪器

傅里叶红外光谱仪（任一型号）；压片机；压片模具；玛瑙研钵；红外干燥灯；样品勺；镊子等。

四、实验步骤

1. 压片操作

红外测试用的固体样品可用压模制样。压模由压杆和压舌组成，构造如图 25-1 所示。压舌的直径为 13 mm，两个压舌的表面光洁度很高，以保证压出的薄片表面光滑。因此，使用时要注意样品的粒度、湿度和硬度，以免损伤压舌表面的光洁度。

组装压模时，将其中一个压舌光洁面朝上放在底座上，并装上压片套圈，加入研磨后的样品，再将另一压舌光洁面朝下压在样品上，轻轻转动以保证样品面平整，通过液压器加压力至 400 kgf/cm^2，保持 1 min 即可。

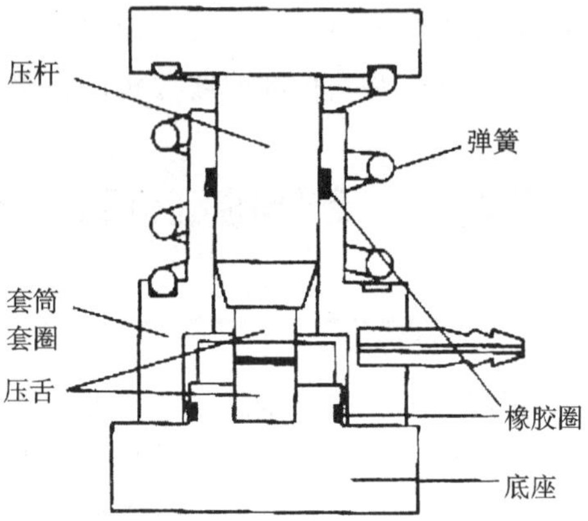

图 25-1　压模示意图

2. 试样压片的制作

取约 200 mg 干燥的 KBr 粉末与约 2 mg 苯甲酸置于玛瑙研钵中，充分混合均匀并研磨至微粒直径约 2 μm，然后置于模具中按上述操作压成锭片。

3. 红外吸收光谱的测绘

按照傅里叶红外光谱仪的操作流程（见附录 1），将锭片放在红外光谱仪的支架上，以空气为参比，测定苯甲酸试样的红外光谱。经平滑处理后，打印谱图。

4. 分析苯甲酸的红外光谱图。

五、实验数据处理

标示苯甲酸试样红外谱图上的主要吸收峰的波数，并指出可能的基团吸收类型。

♨注意事项

（1）制得的晶片必须透明、无裂痕、局部无发白现象，否则应重新制作。晶片局部发白，表示压制的晶片薄厚不匀；晶片模糊，表示晶体吸潮，水在 3450 cm^{-1} 和 1640 cm^{-1} 处有吸收峰，干扰测定。

（2）试样测试完毕应及时取出。样品室应保持干燥，应及时更换干燥剂。

（3）红外光谱仪主机及其配件以及红外光谱实验室均应保持干燥环境。

六、思考题

1. 用于红外分析的试样，为什么要求研磨至 2 μm 左右？

2. 为什么 IR 测试时要求干燥的条件？

3. 红外谱图解析的一般过程是什么？

第七章　分离与分析实验

实验 26　可溶性硫酸盐总量的离子交换法测定

一、实验目的

1. 学习离子交换分离法的原理及应用。
2. 学习使用离子交换分离结合酸碱滴定测定可溶性硫酸盐总量的方法。

二、实验原理

Na_2SO_4、$ZnSO_4$等可溶性硫酸盐是染整和化纤工业常用的化工原料。使用重量分析法测定这些可溶性硫酸盐的总量，操作步骤繁杂费时；而当原料中所含的杂质盐类的含量较低时，采用离子交换法测定则较为方便。

离子交换分离法是利用离子交换剂与溶液中的离子发生交换反应进行分离的方法，是一种固液分离法。离子交换树脂由带有交换离子的活性基团（官能团）和具有网状结构、不溶性的高分子骨架构成。根据树脂中活性官能团的性质，分为阳离子交换树脂和阴离子交换树脂两大类，可分别与溶液中的阳、阴离子进行离子交换。

两种离子交换树脂的基本构成如下图所示：

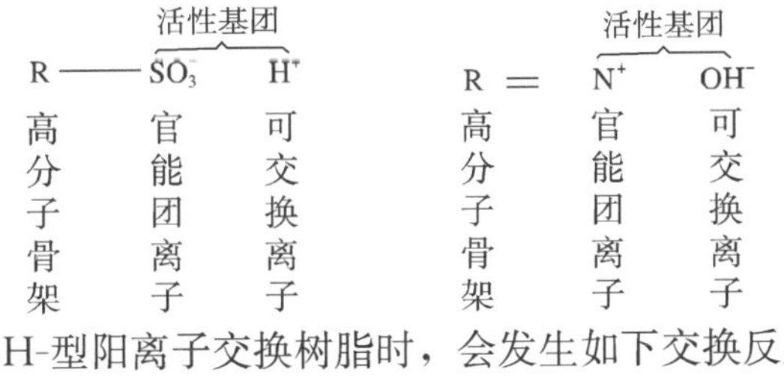

当硫酸盐试液通过 H-型阳离子交换树脂时，会发生如下交换反应：

$$R\text{-}SO_3H + M^+ = R\text{-}SO_3M + H^+$$

经水充分洗涤后，溶液中的硫酸盐通过离子交换变成了相当量的硫酸流出。可用标准碱溶液进行滴定，根据标准碱溶液的浓度和滴定至终点时消耗的体积测定可溶性硫酸盐的总量。

三、主要试剂与仪器

1. 试剂

H-型阳离子交换树脂；HCl 溶液（3 mol/L）；NaOH 标准溶液（0.1 mol/L）；硫酸盐

试样溶液；酚酞指示剂（1%，乙醇溶液）。

2. 仪器

离子交换柱、脱脂棉、玻棒等；pH 试纸；移液管 10 mL；锥形瓶 250 mL；烧杯 500 mL、50 mL；碱式滴定管 50 mL。

四、实验步骤

1. 树脂的预处理

取强酸性阳离子交换树脂约 30 g 于 500 mL 烧杯中，用 3 mol/L HCl 溶液浸泡 24 h。然后用去离子水洗涤至中性，备用。

2. 装柱

在离子交换柱下段铺少量脱脂棉，充入少量水后，用玻棒搅动已处理的树脂，连同去离子水一起导入离子交换柱中（注意：装柱过程中，应始终保持柱中水面比树脂层高出约 2 cm，以避免空气混入。若有少许气泡，须用长玻棒赶出）。当装入的树脂高度约为 15 cm 后，在树脂顶部同样铺上少量脱脂棉，然后用去离子水充分洗涤树脂，直至流出液 pH>5（用 pH 试纸检查）。

3. 离子交换及滴定

移取 10.00 mL 未知试样溶液于 50 mL 烧杯中，用玻棒将未知试样慢慢倒入离子交换柱中，使溶液以约 1 滴/秒的流速通过交换柱，收集流出液于 250 mL 锥形瓶中。用去离子水洗涤烧杯 3～4 次，洗涤液也倒入离子交换柱中，并用去离子水充分洗净树脂至流出液 pH>5，合并流出液。

在流出液中加入 1～2 滴酚酞指示剂，然后以 0.1 mol/L 标准 NaOH 溶液滴定至溶液呈微红色即为终点。

实验重复一次，须满足两次测定结果的相对平均偏差在千分之二以内。

五、实验数据处理

详细记录实验数据（记录表格自拟），并计算未知试样中可溶性硫酸盐的含量，以 Na_2SO_4 的浓度表示：

$$c_{Na_2SO_4}=\frac{c_{NaOH}\cdot V_{NaOH}\times\frac{M_{Na_2SO_4}}{2000}}{10.00\times10^{-3}}\ (\mathrm{g/L})$$

六、思考题

1. 本实验的原理是什么？
2. 离子交换分离的操作步骤主要有哪些？
3. 为什么须使交换柱中的水面始终比树脂层高出 2 cm？

实验 27　混合染料的薄层色谱分离与鉴定

一、实验目的

1. 了解薄层色谱法的原理和实验操作。

2. 学习福隆黄和福隆玉红两种染料薄层色谱分离的实验方法。

二、实验原理

薄层色谱法也称板层析，是将吸附剂或载体（硅胶或氧化铝）均匀地涂在玻璃板或塑料板上形成约 0.25～1 mm 厚的薄层，然后将 2～10 μL 试液用毛细管滴在薄层板的一端，放入盛有展开剂的层析缸中，凭毛细现象展开分离。一段时间后，不同的物质因吸附常数差异，移动距离不同，从而达到分离的目的。层析斑点的位置可用比移值（R_f值）表示：

$$R_f = 原点到斑点中心的距离/原点到溶剂前沿的距离$$

在相同的实验条件下，物质的 R_f值为一定值，据此可进行定性鉴定。

三、主要试剂与仪器

1. 试剂

硅胶 G；福隆黄 SE-2GL（1%，丙酮溶液）；福隆玉红 S-2GFL（1%，丙酮溶液）；混合染料溶液；展开剂：二甲苯∶丙酮 ＝ 9∶1（V/V）。

2. 仪器

电子天平，精度 0.1 g；烘箱；干燥器；薄层用玻璃板（100 mm×200 mm×4 mm）；研钵、量筒 50 mL、点滴板、玻璃毛细管、层析缸（带盖）。

四、实验步骤

1. 制板

称取 9 g 硅胶 G 于研钵中，逐渐加入 15～20 mL 去离子水，研磨成均匀无气泡的薄浆状溶液。立即把浆液倒在洁净干燥的玻璃板上，并轻轻摇动玻板，使硅胶涂布均匀且无气泡。将玻板保持水平阴干约 30 min后，放入 105 ℃烘箱中焙烘（活化）30 min，取出后置于干燥器中冷却，备用。

2. 点样

分别用毛细管吸取约 10 μL 纯福隆黄、福隆玉红及混合染料试液，垂直点在层析板表面距玻璃板底边约 2 cm 处，斑点直径应小于 5 mm，两相邻斑点间距离约 15 mm，如图 27-1（注意：点样不能太多，以免展开后斑点拖尾）。点样后待干，放入层析缸中进行展开。

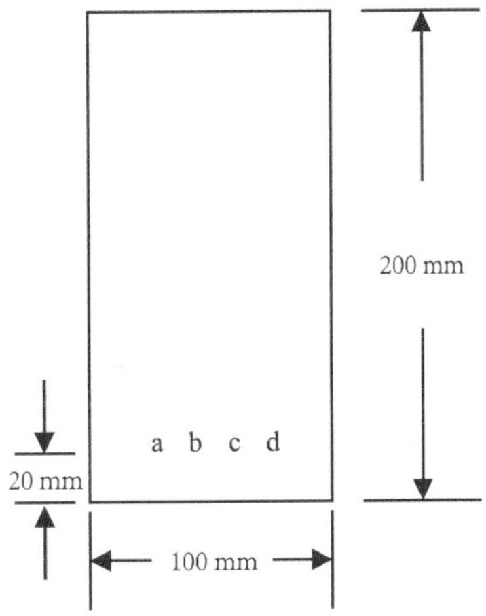

a, d—两种染料混合液；b—福隆黄；c—福隆玉红

图 27-1　点样示意图

3. 展开

将展开剂倒入层析缸中，使液层厚度约为 1 cm，

盖好缸盖。约 20 min 后，将点样板斜立于层析缸中，使点样的一端浸入展开剂中（注意：点样点不能浸入展开剂）。凭借硅胶层的毛细管效应，使展开剂沿上升，直至溶剂前沿离玻璃板上端 3 cm。取出薄板，立即划出前沿线。

4. 计算

将板放平，待溶剂挥发后，量取溶剂前沿及各斑点中心与原点的距离，求出 R_f值。

五、实验数据及处理

	福隆黄	福隆玉红	混合染料 福隆黄　福隆玉红	混合染料 福隆黄　福隆玉红
斑点颜色				
溶剂移动距离/cm				
斑点移动距离/cm				
R_f				

六、思考题

1. 薄层色谱的原理是什么？主要有哪些步骤？
2. 什么是比移值？影响因素有哪些？如何根据 R_f值进行定性鉴定？
3. 为什么层析缸空间预先要用展开剂蒸气饱和？
4. 点样为何不能太多？

实验 28　无机离子的纸上色谱分离和检出

一、实验目的

1. 学习纸色谱分离的原理和实验操作。
2. 掌握 Cu^{2+}、Fe^{3+}、Co^{2+}、Ni^{2+} 四种离子的纸上色谱分离及鉴定实验方法。

二、实验原理

纸层析是用滤纸作支持物，以纸上吸附的水作为固定相，与水不相溶的有机溶剂作为流动相，当流动相在纸上展开时，物质就在水和有机溶剂之间反复分配，使分配系数各不相同的组分得以分离。经分离展开后的组分可用不同的方法检出，并根据 R_f值（比移值）与纯物质对照进行鉴定。

$$R_f=\frac{\text{原点到斑点中心的距离}}{\text{原点到溶剂前沿的距离}}$$

三、主要试剂与仪器

1. 试剂

Cu^{2+}、Fe^{3+}、Co^{2+}、Ni^{2+}标准溶液（1 mg/mL）；混合离子未知试样溶液；展开剂：丙酮∶盐酸∶水＝87∶8∶5（V/V）；二硫代二乙酰胺显色剂：0.1%，乙醇溶液；浓氨水，分析纯。

2. 仪器

培养皿、玻璃板一套；点滴板、玻璃毛细管、喷雾器、氨熏箱等；新华 1 号层析纸。

四、实验步骤

1. 点样

将 15 cm×15 cm 的层析纸如图 28-1 剪开，在离中心 1 cm 的圆周上分别点 Cu^{2+}、Fe^{3+}、Co^{2+}、Ni^{2+} 标准溶液和未知混合离子试样溶液。

点样方法：用毛细管吸取试样后，将毛细管垂直地轻触滤纸，让试样缓慢地在纸上扩散。扩散后的斑点直径不应超过 5 mm。

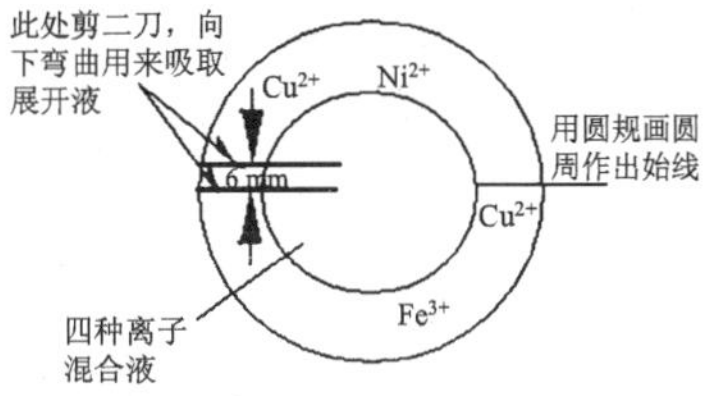

图 28-1　色谱分离后的滤纸

2. 展开

在培养皿中倒入少量展开剂，将带孔玻璃板盖在培养皿上，使滤纸剪开的纸芯穿过玻璃板中心孔浸入展开剂中，滤纸平铺在玻璃板上，上面再盖上一块玻璃板（如图 28-2）。依靠毛细管效应，展开剂沿着纸芯上升，并呈辐射状自圆心向外展开。待溶剂前沿扩展到接近纸边时，移开上面的玻璃板，立即用铅笔划出溶剂前沿线，取下滤纸。

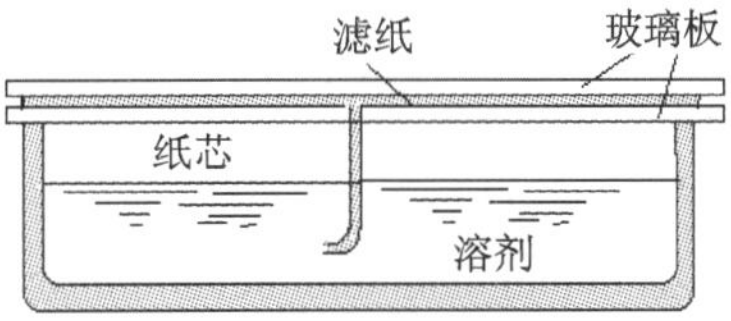

图 28-2　辐射法展开装置

3. 显色

将滤纸放入氨熏箱中，取出后用 0.1%的二硫代二乙酰胺乙醇溶液喷雾显色。自圆心从内到外的色带依次为 Ni^{2+} 呈蓝色斑；Co^{2+} 呈黄色斑；Cu^{2+} 呈绿色斑和 Fe^{3+} 呈淡棕色斑。

4. 计算各斑点的 R_f 值，与未知液相对照即可定性判断出未知液所含的离子种类。

五、实验数据及处理

	Ni^{2+}	Co^{2+}	Cu^{2+}	Fe^{3+}	未知液 Ni^{2+} Co^{2+} Cu^{2+} Fe^{3+}
斑点颜色					
溶剂移动距离/ cm					
斑点移动距离/ cm					
R_f					
结论					

六、思考题

1. 纸层析的原理是什么？主要包含哪些实验步骤？
2. 什么是辐射法展开？如何进行？
3. 氨熏所起的作用是什么？二硫代二乙酰胺起何作用？

实验 29　气相色谱 $H-u$ 曲线的绘制

一、实验目的

1. 熟悉气相色谱仪器的操作。

2. 学习气相色谱 $H-u$ 曲线的绘制方法。

3. 掌握用 $H-u$ 曲线求最佳载气流速 u_{opt}、最小塔板高度 H_{min} 及相应的理论塔板数计算方法。

二、实验原理

色谱柱是色谱仪的核心部件之一，色谱柱的柱效是衡量色谱分离能力的关键性指标。色谱柱的理论塔板数 n 与组分的保留值之间有如下关系：

$$n = 5.54\,(t_R / Y_{1/2})^2$$

式中 t_R 为组分在柱中的保留时间；$Y_{1/2}$ 为色谱峰的半峰宽。两组分在色谱柱中能否有效分离，除与其保留值相关外，还与其在柱中的运动状态有关。范・第姆特（van Deemter）在对色谱过程动力学研究的基础上，提出了速率理论方程：

$$H = A + B/u + Cu$$

式中 H 为色谱柱的理论塔板高；A 为涡流扩散项；B 为分子扩散项；C 为传质阻力项；u 为载气线速度（单位为 cm/s）。其中，A、B、C 分别与固定相的平均粒度、载气相对分子量、组分在两相中的扩散系数以及固定液的液膜厚度等因素有关。

图 29-1 为气相色谱的 $H-u$ 曲线。当载气流速 u 较小时，分子扩散项 B 成为影响 H 的主要因素；而当 u 较大时，H 主要受传质阻力项 C 的影响；曲线的最低点 H_{min} 则对应着载气的最佳线速度 u_{opt}。根据理论塔板数 n、柱长 L 与塔板高度 H 之间的关系（$n=L/H$），即可获得最高柱效下的 n 值。

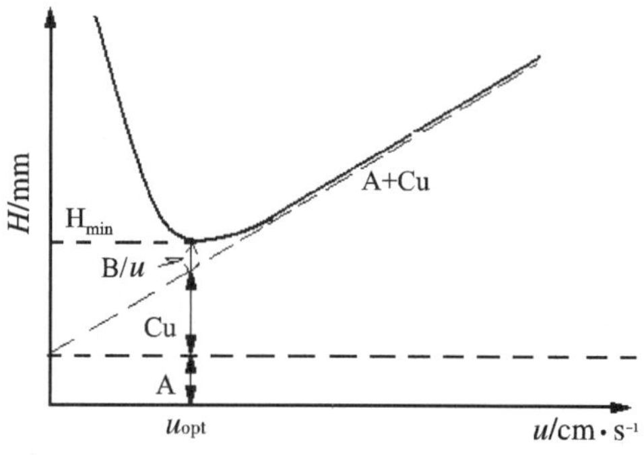

图 29-1　塔板高度 H 与载气线速度 u 的关系

本实验在一系列不同的载气流速条件下，以甲苯样品测得相应的色谱数据，并计算载气的平均线速度 u（$u=L/t_M$）和 H 值，绘制 $H-u$ 关系曲线。

需要说明的是，在实际操作中，在不影响组分分离的情况下，通常采用比最佳流速稍大的流速即实用最佳流速进行色谱分析，以提高工作效率。

三、主要试剂与仪器

1. 试剂

甲苯（分析纯）。

2. 仪器

气相色谱仪，配热导池检测器；高纯度氢气发生器；气相填充柱（不锈钢柱）2 m×

3 mm i. d.，涂渍 10%邻苯二甲酸二壬酯；2 μL 气相（尖头）微量进样器；具塞试管。

四、实验步骤

1. 实验条件

（1）载气：氢气。

（2）检测器：热导池检测器(TCD)，温度 120 ℃，桥电流 80 mA。

（3）柱温 80 ℃。

（4）汽化室温度 140 ℃。

（5）进样量：0. 4 μL。

2. 实验操作

（1）按照实验条件，将气相色谱仪按仪器操作步骤（见附录 1）调节至可进样状态。待仪器电路和气路系统达到平衡，色谱基线平稳后，进样分析。

（2）调节色谱仪气路系统控制面板上的载气 1 和载气 2 稳流阀，使载气流量分别为 10、20、30、40、50、60 及 70 mL/min，并在上述不同载气流量下，用 2 μL 微量注射器抽取 0. 4 μL 甲苯和 1. 0 μL 空气，进样并记录色谱数据。

（3）在色谱图上测得死时间 t_M（即空气保留时间）、甲苯的保留时间 t_R以及甲苯的半峰宽 $Y_{1/2}$（均以 min 表示），计算各载气流量条件下的载气线速 u 和理论塔板高 H。

五、实验数据及处理

1. 记录实验条件

（1）色谱柱柱长、内径、固定相组分。

（2）载气及其流量。

（3）柱前压力、汽化室温度及柱温。

（4）检测器、检测器温度及桥电流。

（5）进样量。

2. 处理色谱数据，将测得的 t_M、t_R及 $Y_{1/2}$数据及 n、H 和 u 的计算结果列于表中。

Fo /mL • min^{-1}	t_M/ min	t_R/ min	$Y_{1/2}$/ min	n/块	H/mm	u/cm • s^{-1}
10						
20						
30						
40						
50						
60						
70						

3. 绘制甲苯的 $H-u$ 关系曲线，并从曲线上求出 H_{min}和 u_{opt}值。

4. 计算在 u_{opt}下色谱柱的理论塔板数。

♨注意事项

（1）改变载气流量后，须待仪器上的电路和气路系统重新达到稳定平衡，才可进样。

（2）测定每一载气流量下的 t_M和 t_R时，必须保持相同的实验条件。

六、思考题

1. 测定色谱柱的 $H-u$ 关系曲线有何实用意义？
2. 如何测得色谱柱的理论塔板数及理论塔板高度？
3. 实际工作中，怎样选择最佳载气流速？

实验 30　混合物的气相色谱分析——归一化定量法

一、实验目的

1. 了解气相色谱仪的基本结构、工作原理与操作技术。
2. 学习测定定量校正因子的方法。
3. 学习归一化法定量的基本原理及测定方法。

二、实验原理

气相色谱分析法是利用不同组分在固定相（色谱柱）和流动相（载气）间的分配系数差异使混合物分离并进行分析的方法，适用于易挥发且热稳定性好的化合物的分析。该法中，气化的试样组分被载气带入色谱柱，由于固定相对各组分的吸附或溶解能力不同，因此不同组分在色谱柱中的运行速度不同，经过两相间反复多次的分配，各组分彼此分离，按一定顺序进入检测器。在一定的操作条件下，被测组分 i 的含量（质量或物质的量）与其色谱峰面积成正比例，据此进行定量测定。

$$m_i = f_i' \cdot A_i$$

式中，m_i为组分含量；A_i为组分的色谱峰面积；f_i' 为比例常数，称为被测组分 i 的绝对质量校正因子。

由于检测器对不同物质的响应不同，故无法用峰面积直接计算物质的量，而需要对响应值予以校正。绝对校正因子因与检测器性能、待测组分的性质、实验操作条件以及载气性质等因素有关，不易准确测定。因此，在实际应用中一般使用相对校正因子 f_i，即被测组分 i 与标准物质 s 的绝对校正因子之比作为定量校正因子：

$$f_i = \frac{f_i'}{f_s'} = \frac{m_i/A_i}{m_s/A_s} = \frac{m_i}{m_s} \times \frac{A_s}{A_i}$$

式中：f_s'、m_s和 A_s分别为标准物的绝对校正因子、质量及峰面积。相对校正因子 f_i与色谱操作条件无关。根据被测组分所用的计量单位不同，分为质量校正因子及体积校正因子等（通常省略“相对”二字）。测定质量校正因子 f_i时，应准确称量一定量的被测组分 i 和标准物质 s，混合后在一定的色谱操作条件下进行测定，然后根据相应的峰面积 A_i 和 A_s，按上式计算 f_i值。

归一化法是色谱定量的一种常用计算方法。设试样中有 n 个组分，每组分的质量分别为 m_1，m_2，…，m_i，各组分含量总和 m 为 100%。则其中待测组分 i 的质量分数 ω_i为：

$$\omega_i = \frac{m_i}{m} \times 100\% = \frac{m_i}{m_1 + m_2 + \cdots + m_n} \times 100\% = \frac{A_i f_i}{A_1 f_1 + A_2 f_2 + \cdots + A_n f_n} \times 100\%$$

归一化法计算简便，定量结果与进样量无关，且操作条件无需严格控制。但是该法要求所有组分必须分离流出，并获得可测定的信号；而且其校正因子 f_i 也应为已知。

本实验以氮气为载气，以5%二苯基、95%二甲基聚硅氧烷为固定液，利用各组分在载气和固定相间分配系数的差异，使混合物中环己烷、乙酸正丁酯、甲苯和对二甲苯得到分离。根据氢火焰离子化检测器测量的四种组分的色谱峰面积，用归一化法计算各组分的质量分数。其色谱图如图30-1。

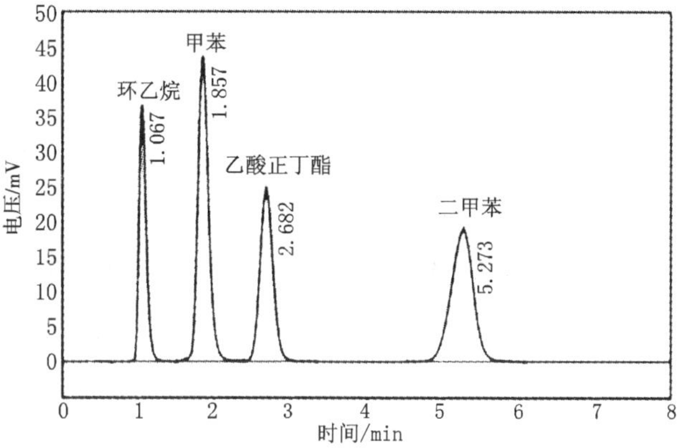

图30-1　混合物的气相色谱图

三、主要试剂与仪器

1. 试剂

环己烷、甲苯、乙酸正丁酯、对二甲苯均为分析纯试剂；混合物未知试样溶液。

2. 仪器

气相色谱仪，配氢火焰离子化检测器；高纯度氢气发生器；全自动空气源；高纯氮气钢瓶；TM-5(30 m×0.32 mm×0.50 μm)毛细管气相色谱柱；10 μL气相(尖头)微量进样器；电子分析天平 精度0.1 mg；超声波清洗机；5 mL具塞试管。

四、实验步骤

1. 实验条件

(1) 载气：氮气；柱流量：1.8 mL/min；分流比：30∶1。

(2) 汽化室温度：220 ℃。

(3) 柱温：80 ℃。

(4) 检测器：氢火焰离子化检测器（FID），温度为250 ℃。

(5) 进样量：2 μL。

2. 定量校正因子的测定

分别准确称取环己烷、甲苯、乙酸正丁酯和对二甲苯各0.5 g（精确至0.1 mg）于具塞试管中，超声振荡均匀后备用。

根据实验条件，将气相色谱仪按仪器操作规程（见附录1）调节至可进样状态。待色谱工作站基线平稳后，用10 μL微量注射器吸取混合试样2 μL，按仪器操作步骤（见附录1）进样。重复进样一次，记录色谱数据。各组分的出峰顺序为：环己烷、甲苯、乙酸正丁酯和对二甲苯。根据组分的质量和相应的峰面积，以甲苯为标准计算校正因子。

3. 样品分析

用 10 μL 微量注射器吸取未知样品 2 μL，进样，得色谱图。根据各组分的色谱峰面积和定量校正因子，计算试样中各组分的质量分数。

五、实验数据及处理

1. 记录如下实验条件

（1）色谱柱柱长、内径、固定相组分。

（2）载气及其流量。

（3）柱总压力、汽化室温度及柱温。

（4）检测器、检测器温度。

（5）进样量。

2. 记录各组分的质量 m 和色谱峰面积 A。以甲苯为标准物质，计算 m_i/m_s、A_i/A_s 和 f_i，列入表格中。

	m/g	A			m_i/m_s	A_s/A_i	f_i
		1	2	平均值			
环己烷							
甲苯							
乙酸正丁酯							
二甲苯							

3. 记录未知样品色谱图中各组分的保留时间和峰面积，计算各组分的质量分数，列于下表中。

	环己烷	甲苯	乙酸正丁酯	对二甲苯
保留时间 t_R/min				
质量校正因子 f_i				
峰面积 A				
质量分数 ω_i				

♨注意事项

（1）色谱柱温度不能高于其最高使用温度，以防固定液流失。

（2）使用手动进样时，要快速推入进样针中的试液；若速度过慢，针内的试液将陆续气化后流出，从而影响实验结果的准确性。

（3）要等前一针样品的色谱图完全获得后，才能注入下一样品，以免色谱峰重叠。

六、思考题

1. 归一化定量法有何特点？使用该方法应具备什么条件？

2. 在色谱定量分析中，为什么需要测定被测组分的相对质量校正因子 f_i？

3. 由实验得到的氢火焰离子化检测器的校正因子，可否用于其他检测器，为什么？

4. 保留值在色谱定性中有何意义？

实验 31　邻二甲苯中杂质的气相色谱分析——内标定量法

一、实验目的

1. 熟悉气相色谱仪的操作，进一步了解仪器的性能。
2. 掌握内标法定量的基本原理。
3. 学习应用内标法测定试样中杂质含量的方法。

二、实验原理

内标法（Internal Standard Method）是色谱分析中定量较为准确的一种分析方法。该法是在一定量待测混合物试样 $m_{试样}$ 中加入一定质量的纯物质 m_s 作为内标物，然后对含有内标物的样品进行色谱分析，分别测定待测组分和内标物的色谱峰面积 A_i 和 A_s 及相对校正因子 f_i 和 f_s，即可求出待测组分在样品中的百分含量。

$$\omega_i = \frac{m_i}{m_{试样}} \times 100\% = \frac{m_i \cdot m_s}{m_{试样} \cdot m_s} \times 100 = \frac{m_s \cdot A_i f_i}{m_{试样} \cdot A_s f_s} \times 100$$

式中，m_i 为待测组分的质量。若以内标物作标准，$f_s = 1$，则：

$$\omega_i = \frac{m_s \cdot A_i f_i}{m_{试样} \cdot A_s} \times 100$$

内标法中加入的内标物质应符合以下条件：

（1）应是试样中不含的物质；

（2）内标物的色谱峰应位于被测组分色谱峰的附近；

（3）其物理性质及物化性质应与被测组分相近；

（4）内标物的加入量应与被测组分含量接近。

内标法分为计算法和内标标准曲线法两种，在 f_i 未知的情况下，可采用内标标准曲线法进行分析。即准确配制一系列标准溶液（其中内标物的质量恒定），分别注入色谱仪中，测得相应的 A_i/A_s，绘制 $A_i/A_s \sim m_i/m_s$ 内标标准曲线，如图 31-1 所示。然后准确称取一定量的试样，加入与标准系列溶液同样量的内标物，混匀后进样，得到待测试样中该组分与内标物的峰面积比，据此从标准曲线上查得相应的质量比 m_i/m_s，继而求得待测组分的质量或质量分数。

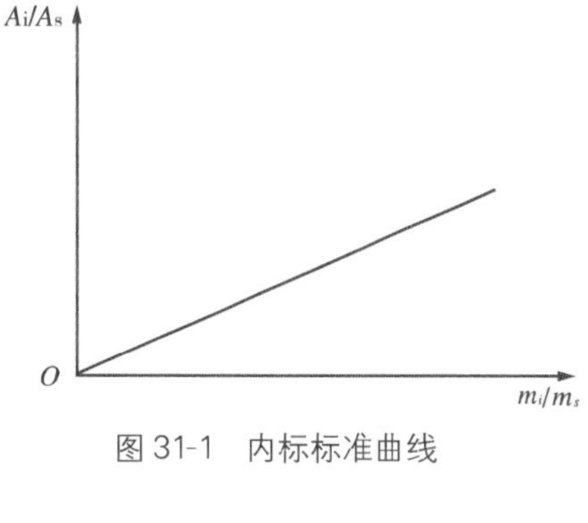

图 31-1　内标标准曲线

内标定量法结果准确，对于进样量及操作条件无需严格控制，可消除工作条件改变带来的误差。对于试样中少量杂质的测定或只需测定试样中某些组分时，可采用内标定量法，内标标准曲线法更适于工厂的控制分析。

本实验以环己烷作内标物，以内标标准曲线法测定邻二甲苯中杂质甲苯的含量，出峰顺序为环己烷，甲苯，邻二甲苯。

三、主要试剂与仪器

1. 试剂

环己烷、甲苯、邻二甲苯均为分析纯试剂；邻二甲苯试样溶液。

2. 仪器

电子分析天平，精度 0.1 mg；气相色谱仪，配氢火焰离子化检测器；高纯度氢气发生器；全自动空气源；高纯氮气钢瓶；TM-5(30 m×0.32 mm×0.50 μm)毛细管气相色谱柱；10 μL 气相(尖头)微量进样器；超声波清洗机；5 mL 具塞试管。

四、实验步骤

1. 标准系列溶液的配制

按下表准确配制含环己烷内标的甲苯标准系列溶液，分别置于 5 mL 具塞试管中，超声振荡混匀备用。

No.	环己烷/g	甲苯/g	邻二甲苯/g
1	0.4000	0.2000	1.8000
2	0.4000	0.3000	1.8000
3	0.4000	0.4000	1.8000
4	0.4000	0.5000	1.8000

2. 实验条件

(1) 载气：氮气，流量 1.8 mL/min。

(2) 柱温：120 ℃。

(3) 检测器：氢火焰离子化检测器(FID)，检测温度 220 ℃。

(4) 汽化室温度：250 ℃。

(5) 进样量：4 μL。

3. 标准曲线的制作

根据实验条件，将气相色谱仪按仪器操作规程（见附录 1）调节至可进样状态。待色谱工作站基线平稳后，按甲苯浓度由低到高的顺序分别吸取上述各标准系列溶液 4 μL，进样并记录色谱数据，重复进样一次。

注意：吸取进样溶液前，微量注射器需用待进样标准溶液洗涤 3～5 次。

4. 未知样分析

称取未知样品 2 g（称至 0.0001 g）于 5 mL 具塞试管中，准确加入 0.4000 g 环己烷，超声混匀备用。

在同样条件下，吸取已加入环己烷的未知试液 4 μL，进样并记录色谱数据，重复进样一次。

五、实验数据及处理

1. 记录实验条件

(1) 色谱柱柱长、内径、固定相组分。

(2) 载气及其流量。

(3) 柱总压力、汽化室温度及柱温。

(4) 检测器、检测器温度。

(5) 进样量。

2. 记录各色谱图上甲苯与环己烷的色谱峰面积值，并以环己烷为内标，计算各溶液中甲苯与环己烷的质量比 m_i/m_s 和峰面积比 A_i/A_s，填入下表中。

编号	甲苯峰面积 A_i	环己烷峰面积 A_s	甲苯/环己烷	
			m_i/m_s	A_i/A_s
1				
2				
3				
4				
未知样				

3. 绘制 $A_i/A_s-m_i/m_s$ 内标标准曲线，并计算线性回归方程和相关系数。

4. 根据未知样品的 A_i/A_s 值，于标准曲线上查出或计算出相应的 m_i/m_s 值，并计算未知样品中甲苯的百分含量。

$$\omega_i = \frac{m_s \cdot m_i}{m_{试样} \cdot m_s} \times 100\%$$

♨注意事项

(1) 色谱柱使用温度不得高于其最高使用温度，以防固定液流失。

(2) 使用手动进样时，要快速注入试液。若操作速度过慢，针内的试液陆续气化后流出，将影响实验结果的准确性。

(3) 进样前，需用待进样溶液洗涤微量进样器 3～5 次。

(4) 要等前一针样品的色谱图完全获得之后，才能注入下一样品，以免色谱峰重叠。

六、思考题

1. 内标定量法有何优点？对内标物有何要求？

2. 实验中是否要严格控制进样量？实验条件改变是否会影响测定结果？为什么？

3. 在内标标准曲线法中，是否需要校正因子？为什么？

实验 32　高效液相色谱柱效能的测定

一、实验目的

1. 了解高效液相色谱仪的基本结构及工作原理。

2. 学习色谱柱柱效的测定方法。

3. 初步掌握高效液相色谱仪的操作及使用。

二、实验原理

高效液相色谱法是以液体为流动相的色谱分析法，其工作机理与气相色谱相类似，根据不同组分在流动相和固定相间分配系数的差异对混合组分进行分离，并用合适的检测器测定其含量。

混合组分在色谱柱中能否有效分离，除取决于固定相性质外，还与色谱操作条件及色谱柱的装填状况等因素有关。色谱柱的柱效能是评价色谱柱性能的一项重要指标，在一定的色谱操作条件下，色谱柱的柱效可用理论塔板数 n 或理论塔板高 H 来衡量。通常色谱柱的塔板数 n 愈多，或塔板高度 H 愈小，色谱柱的分离效能愈好。计算公式为：

$$n = 5.54\left(\frac{t_R}{Y_{1/2}}\right)^2 = 16\left(\frac{t_R}{Y}\right)^2$$

速率理论及范·第姆特方程式对于研究影响高效液相色谱柱效的各种因素，同样具有指导意义：

$$H = A + B/u + Cu$$

液相色谱中，由于组分在液体中的扩散系数很小，分子扩散项 B 对色谱峰扩展的影响实际上可以忽略，而传质阻力项 C 则成为影响柱效的主要因素。因此，提高柱内填料的均匀度并减小其粒度和固定液厚度，可提高液相色谱的柱效能。除上述因素外，还应考虑一些柱外展宽的因素，其中包括进样器的死体积和进样技术等所引起的柱前展宽，以及由柱后联接管、检测器流通池体积等所引起的柱后展宽。

常规液相色谱分析柱的内径为 2～5 mm（常用 4.6 mm 和 3.9 mm），柱长 10～50 cm，装填固定相粒度 3～10 μm。本实验使用的色谱柱装填固定相为 C_{18} 烷基键合相，是目前使用最为广泛的化学键合相固定相。

三、主要试剂与仪器

1. 试剂

甲苯、萘、联苯、正己烷均为分析纯；纯水为二次去离子水；甲醇为色谱纯。

2. 仪器

高效液相色谱仪，配紫外检测器；十八烷基硅烷键合硅胶色谱柱；50 μL 液相（平头）微量进样器；超声波清洗机。

四、实验步骤

1. 实验条件

（1）流动相：甲醇∶水＝84∶16（体积比），于超声波清洗机上脱气约 30 min 后使用。

（2）流量：1.0 mL/min。

（3）色谱柱：长 250 mm，内径 4.6 mm，装填 C_{18} 烷基键合相（粒度 5 μm）；柱温：30 ℃。

（4）检测器：紫外光度检测器，测定波长 254 nm。

（5）进样器：六通阀；进样量 20 μL。

2. 标准溶液的配制

标准储备液：配制含甲苯、萘、联苯各 1000 μg/mL 的正己烷溶液，混匀备用。

标准使用液：将上述储备液用正己烷稀释至含甲苯、萘、联苯各 10 μg/mL，混匀备用。

3. 实验操作

根据实验条件，将高效液相色谱仪按照仪器操作规程（见附录 1）调节至进样状态，待仪器液路和电路系统达到平衡，色谱工作站的基线平直时，吸取标准使用液 20 μL，注入高效液相色谱仪，记录色谱图。已知组分的出峰顺序为甲苯、萘、联苯。

五、实验数据及处理

1. 记录实验条件

(1) 色谱柱型号、柱长、内径与固定相。

(2) 流动相及其流量。

(3) 检测器类型及其测定波长。

(4) 进样量。

2. 从色谱图中测得甲苯、萘、联苯的保留时间 t_R、半峰宽 $Y_{1/2}$ 和峰底宽 Y，计算各组分所对应的理论塔板数 n 及分离度 R，并将数据列入下表中。

	甲苯	萘	联苯
t_R/min			
$Y_{1/2}$/min			
Y/min			
n/块			
R			

计算公式：

$$n = 5.54\left(\frac{t_R}{Y_{1/2}}\right)^2 = 16\left(\frac{t_R}{Y}\right)^2$$

$$R = \frac{t_{R2} - t_{R1}}{1/2(Y_1 + Y_2)}$$

♨注意事项

(1) 使用手动进样时，洗针要充分（至少 3 次），注射器内不能有气泡。

(2) 要等前一针样品的色谱图完全获得之后，才能注入下一样品，以免色谱峰重叠。

六、思考题

1. 紫外光度检测器可否用于检测所有的有机化合物，为什么？

2. 若实验获得的色谱峰太小，应如何调整实验条件？

3. 若各组分的色谱峰无法完全分离，应如何改善实验条件？

4. 试比较用甲苯、萘和联苯测得的 n 值，并说明为什么用同一根色谱柱分离不同组分时 n 值不同？

实验 33　高效液相色谱法测定贝诺酯分散片的含量——外标法定量

一、实验目的

1. 了解反相液相色谱的基本原理和应用。
2. 熟悉高效液相色谱仪的基本结构。
3. 掌握外标法定量测定贝诺酯分散片含量的方法。

二、实验原理

贝诺酯分散片，用于普通感冒或流行性感冒引起的发热，也用于缓解轻至中度疼痛如头痛、关节痛、牙痛、神经痛等，其主要成分为贝诺酯。贝诺酯又名扑炎痛，化学名称为：2-（乙酰氧基）苯甲酸 4′-（乙酰胺基）苯酯，是乙酰氨基酚与乙酰水杨酸的酯化产物，分子式为 $C_{17}H_{15}NO_5$，结构式为：

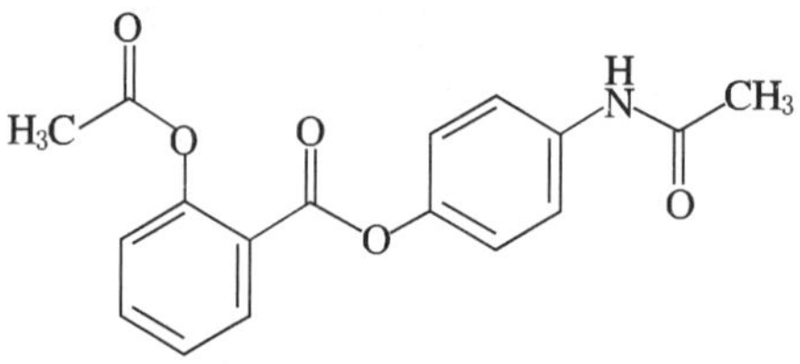

反相液相色谱是化学键合相色谱法的一种，基于不同物质在固定相和流动相上分配系数的差异使其分离。根据键合固定相和流动相相对极性的强弱，可将化学键合相色谱法分为正相色谱和反相色谱。在反相键合相色谱法中，键合固定相的极性小于流动相的极性，其应用范围比正相键合相色谱法更广泛，可用于分离非极性、极性或离子型化合物，是液相色谱最为常见的一种分离模式。

本实验采用反相液相色谱法，以 C_{18} 键合相色谱柱作为分离柱，利用紫外检测器测定贝诺酯分散片的含量。以贝诺酯对照品标准系列溶液的色谱峰面积对其浓度作标准曲线，根据试样中贝诺酯的色谱峰面积，计算出贝诺酯的含量。

三、主要试剂与仪器

1. 实验试剂

市售贝诺酯分散片（0.2 g/片）；贝诺酯对照品；甲醇（色谱纯）；水为二次去离子水。

2. 实验仪器

高效液相色谱仪，配紫外检测器；十八烷基硅烷键合硅胶色谱柱；超声波清洗器；50 μL液相（平头）微量进样器；一次性有机相针式过滤器（孔径 0.45 μm）；电子分析天平，精度 0.1 mg；烘箱；吸量管、容量瓶、烧杯、研钵等。

四、实验步骤

（一）实验条件

（1）色谱柱：长 250 mm，内径 3 mm，装填 C_{18}烷基键合相（粒度 10 μm）。

（2）柱温：30 ℃ 。

(3) 检测器：紫外光度检测器，测试波长 240 nm。

(4) 流动相：甲醇∶水=64∶36（体积比），流量 1.0 mL/min。

(5) 进样量：20 μL。

（二）标准溶液和试样溶液的配制

1. 贝诺酯对照品标准溶液的配制

(1) 标准贮备液　精密称取 105 ℃干燥 2 h 的贝诺酯对照品，用甲醇溶解，制成 500 μg/mL 的贝诺酯标准贮备溶液，备用。

(2) 标准系列溶液　移取用上述贮备液 2.00、4.00、6.00、8.00、10.00 mL，分别置于 50 mL 容量瓶中，用甲醇稀释至刻度，摇匀备用。

2. 贝诺酯分散片溶液的配制

取贝诺酯分散片 20 片，研细。精密称取适量（约 0.1 g）置于 100 mL 容量瓶中，加入甲醇溶解并稀释至刻度，摇匀，过滤。移取滤液 5.00 mL 于 100 mL 容量瓶中，用甲醇稀释至刻度，摇匀。

（三）色谱操作

1. 根据实验条件，将仪器调节至可进样状态（见附录 1），待仪器液路和电路系统达到平衡、色谱工作站的基线平直后，即可进样。

2. 按照浓度由低到高的顺序依次吸取 20 μL 的贝诺酯标准系列溶液，赶出微量进样器中气泡，注入高效液相色谱仪，记录各标准溶液的色谱数据。

3. 吸取 20 μL 贝诺酯分散片试样溶液，同上赶出微量进样器中气泡，注入高效液相色谱仪，记录其色谱数据。

五、实验数据及处理

1. 记录实验条件

(1) 色谱柱型号、柱长、内径与固定相。

(2) 流动相及其流量。

(3) 检测器类型及测定波长。

(4) 进样量。

2. 从色谱图中测得标准溶液及试样溶液中贝诺酯的保留时间及色谱峰面积，列于下表中。

	t_R/min	A
标准溶液 20 $\mu g \cdot mL^{-1}$		
标准溶液 40 $\mu g \cdot mL^{-1}$		
标准溶液 60 $\mu g \cdot mL^{-1}$		
标准溶液 80 $\mu g \cdot mL^{-1}$		
标准溶液 100 $\mu g \cdot mL^{-1}$		
试样溶液		

3. 绘制贝诺酯峰面积—质量浓度的标准曲线，并计算线性回归方程和相关系数。

4. 根据试样溶液中贝诺酯的色谱峰面积值，计算贝诺酯分散片中贝诺酯的质量浓度，并求出贝诺酯在分散片中的含量。

♨注意事项

（1）贝诺酯分散片稀释液需用 0.45 μm 滤膜过滤，方可使用。

（2）使用手动进样时 洗针要充分（至少 3 次），注射器内不能有气泡。

（3）要等前一针样品的色谱图完全获得之后，才能注入下一样品，以免色谱峰重叠。

六、思考题

1. 对于强极性、中等极性和弱极性物质的混合组分，在正相色谱和反相色谱中出峰的先后顺序？为什么？

2. 如何使用紫外检测器测定无紫外吸收的物质或紫外吸收很弱的物质？

3. 用外标准曲线法定量的优缺点是什么？

第八章 设计性实验

实验 34 树脂整理展开剂中离子含量的测定

一、实验目的

1. 学习查阅有关资料后，自行设计实验方案并完成实验。
2. 熟悉几种常见阴、阳离子的定量分析方法。
3. 掌握多种离子共存时，消除或掩蔽干扰的方法。

二、准备工作

1. 仪器

分析天平；4# 砂芯坩埚；抽滤瓶；真空泵；烘箱；干燥器；容量瓶；移液管；滴定管；锥形瓶；H^+ 型阳离子交换柱等。

2. 试剂

EDTA；Zn 粒；铬黑 T；$NH_3 \cdot H_2O$；NH_4Cl；HCl；NaOH；邻苯二甲酸氢钾；酚酞；甲醛；$AgNO_3$；NaCl；重铬酸钾；$BaCl_2$；六次甲基四胺；二甲酚橙；NaF；甲基红；HAc 等。

三、实验内容

设计下列样品的分析实验方案，根据方案完成实验并计算样品中各离子含量。

1. 含 Mg^{2+}、NH_4^+、SO_4^{2-}、Cl^- 试样中 Mg^{2+}、NH_4^+、SO_4^{2-} 和 Cl^- 的测定

提示：分别采用络合滴定法、酸碱滴定法、重量法和沉淀滴定法。

2. 含 Al^{3+}、NH_4^+、SO_4^{2-}、NO_3^- 试样中 Al^{3+}、NH_4^+、SO_4^{2-} 和 NO_3^- 的测定

提示：分别采用络合滴定法、酸碱滴定法、离子交换法和重量法。

3. 含 Mg^{2+}、Zn^{2+}、SO_4^{2-}、NO_3^- 试样中 Mg^{2+}、Zn^{2+}、SO_4^{2-} 和 NO_3^- 的测定

提示：分别采用络合滴定法、离子交换法和重量法。

4. 含 Zn^{2+}、NH_4^+、NO_3^-、SO_4^{2-} 试样中 Zn^{2+}、NH_4^+、NO_3^-、SO_4^{2-} 的测定

提示：分别采用络合滴定法、酸碱滴定法、离子交换法和重量法。

注意事项

（1）滴定分析的 pH 条件和重量法中的沉淀条件。

（2）分析过程中各离子间相互干扰的消除。

四、实验说明

1. 以上方案仅供参考，同学应在查阅文献的基础上，自行设计实验方案并确定实验步骤。

2. 鉴于各试样浓度不同，取样量应通过小试后确定。

3. 沉淀剂、掩蔽剂的用量也应通过小试后确定。

五、实验要求

根据所学的分析化学方法及查阅的相关资料，拟定分析方案，并提交指导教师审阅。完成实验后，写出实验报告，包括实验项目、原理、步骤、仪器和试剂、数据处理、测定结果及其表示、心得体会等。

实验 35　松江地区环境水质的分析

一、实验目的

1. 了解水质监测的主要分析指标。

2. 运用学过的分析方法开展水质监测分析。

二、准备工作

1. 仪器

酸度计；分光光度计；原子吸收光谱仪；滴定管等。

2. 试剂

高锰酸钾；HCl；H_2SO_4；$H_2C_2O_4$；EDTA；$CaCO_3$；铬黑 T 等。

三、实验内容

1. pH 值的测定

2. 碳酸根、重碳酸根和氢氧根的测定（化学分析法）

3. 高锰酸盐指数的测定（化学分析法）

4. 水硬度的测定（化学分析法）

5. 可溶性磷酸盐和总磷的测定（分光光度法）

6. Fe、Mn 等重金属含量的测定（原子吸收光谱法）

四、实验要求

根据所学分析方法知识，拟定分析方案，并提交指导教师审阅。方案的设计、要求包括以下内容：

(1) 所采用测定方法的简单原理及注意事项；

(2) 所需的仪器和试剂；

(3) 操作步骤（包括取样、样品的处理、试剂的配制、用量等）；

(4) 有关计算公式、结果表示和误差来源。

实验结束，完成实验报告，包括实验项目、原理、步骤、仪器和试剂、数据处理、测定结果及其表示、心得体会等。

【附录1】 主要分析仪器操作规程

1. GC-2014型气相色谱仪基本操作流程

1. 打开氮气钢瓶，保持氮气压力在0.5 MPa左右；打开氢气发生器和空压机电源开关；打开气相色谱仪主机电源开关。

2. 打开电脑，在桌面上选择Labsoluton，登陆工作站主界面。

点击助手工具栏的“仪器参数”，进入参数界面。依次设置进样器、色谱柱和检测器的温度（SPL温度：220 ℃，柱温：120 ℃，FID温度250）；设置色谱柱流路和分流比（柱流量：1 mL/min，吹扫流量：3 mL/mn，分流比30，其他选项使用仪器自动设置）；参数设置完成后，保存方法，并点击“下载参数”。

3. 点击左侧面板上的“开启系统”，界面右端将出现各项仪器参数的设定值和实际值。

4. 待进样口温度、柱温和检测器温度达到设定值后，点击右手工具栏的SFID点火：“ON”，火焰点着会变成“实心”。

等仪器参数达到设定值后，右侧面板上会显示GC状态：“准备就绪”。

5. 点击左侧面板上的“单次分析”进入分析操作界面。

6. 点击左侧面板上的“样品记录”，输入样品名称和“数据文件”目录及名称，点击“确定”。

点击左侧面板上的“开始”，进行数据采集。

7. 将样品注入进样口，按下START后开始测定。依次进行测定，直到测定完毕。

8. 样品分析结束，点击助手工具栏“关闭系统”，同时关闭氢气发生器和空压机电源开关，等待SPL、FID温度降至100 ℃以下，色谱柱温度降至40 ℃以下，关闭工作站。

9. 关闭气相色谱仪，最后关闭氮气钢瓶总阀（注意：最后关闭氮气!）。

10. 登记仪器使用情况，做好实验室的清洁工作，并检查安全后方可离开实验室。

2. GC 7900型气相色谱仪基本操作流程

GC 7900型气相色谱仪可配备热导池和氢火焰离子化两种检测器。热导池检测器配有双气路双进样系统，同时连接两根填充色谱柱，可进行程序升温。图Ⅱ－1为色谱仪的气路系统控制面板；图 Ⅱ-2为其微机控制面板布置图。

使用配有热导检测器的该气相色谱仪操作步骤如下：

1. 开启SPH-200型全自动氢气发生器电源开关，工作压力指示表有压力显示，且氢气流量指针表有流量显示，表示氢气发生器工作正常。仪器使用一段时间后，仪器后方电解池中的电解液会逐渐减少，电解液接近水位下限时应及时补加去离子水。当仪器使用半年之后请更换电解液（电解液为浓度 10%的氢氧化钾水溶液）。

2. 逆时针方向旋转载气净化干燥器，将旋钮从“off”调至“on”，接通载气气路。

3. 开启主机电源总开关（仪器左侧后下方），微机控制面板的液晶显示屏上有提示信息出现。

4. 设定载气流量：在微机控制面板（图Ⅱ-2）上按［主菜单］键，进入主菜单界面。按［△］、［▽］键使光标停留在“流量压力”上，再按［输入］键，进入流量压力显示的子菜单界面。在流量压力显示界面上，对应各个进样器，显示各路载气的流量和压力的实时数据。GC 7900 采用显示屏显示流量和压力，设定或修改流量压力显示界面上的数值，是通过各相关调节阀进行的。旋转气相色谱仪气路系统控制面板（图Ⅱ-1）上的载气 1 和载气 2 稳流阀调节 TCD 检测器所用载气总流量（载气 1 为热导池检测器所需的填充柱进样器 1 的载气稳流阀；载气 2 为热导池检测器所需的填充柱进样器 2 的载气稳流阀）。逆时针旋转载气稳流阀为增大流量，反之为减小。

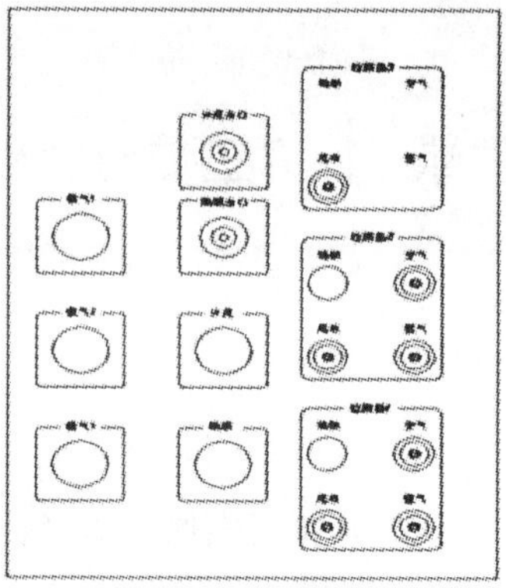

图Ⅱ-1　GC7900 型气相色谱仪气路系统控制面板

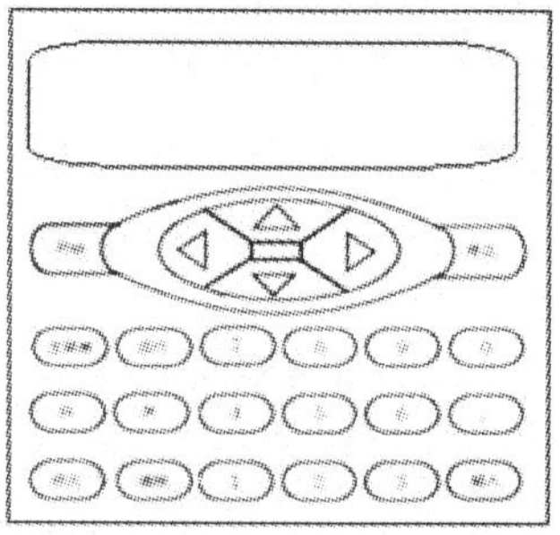

图Ⅱ-2　GC7900 型气相色谱仪微机控制面板布置图

5. 设定柱温、检测器温度和进样器温度：在微机控制面板（图Ⅱ-2）上按［主菜单］键，进入主菜单界面。按［△］、［▽］键使光标停留在“各部温度”上，再按［输入］键，则仪器显示屏进入“各部温度”的子菜单界面。利用［△］、［▽］键移动光标，选中需要设定温度的项目，按数字键输入数值，再按［输入］键，即可设定当前项目的温度。如果设定过程中出错，可以按［清除］键来清除已输入的数字。设定完成后，液晶显示屏左方显示的是设定温度，右方显示的是实际温度。

6. 设定检测器桥电流：当载气流量、柱箱及热导池检测器温度、试样气化温度达到设定值后，在微机控制面板上将光标移至主菜单的“检测器”项，再按［输入］键，进入检测器的子菜单界面。按［△］、［▽］键使光标停留在“热导池检测器”上，再按［输入］键，则仪器显示屏进入“热导池检测器”子菜单界面。此界面上的“温度”设定和显示方式，与“各部温度”子菜单界面上的温度设定和显示方式相同。该界面的“电流”显示的是 TCD 检测器的钨丝电桥的工作电流，电流的设定范围为 0～200 mA。按［△］、［▽］键使光标停留在“电流”上，再按数字键输入数值，最后按［输入］键确定，完成 TCD 电流的设定。

7. 在电脑上开启 D-7900 色谱数据工作站，出现色谱工作站工作界面（见图Ⅱ-3）。该工作站对 GC 7900 主机具有反控功能，所有面板上的操作均可在工作站中实现（D-7900 具有载气流量显示功能，实时显示载气的流量和柱前压力；可对所有温度参数进行控制，包括进样口、柱箱、检测器、程序升温等温度参数进行设定；也可对检测器进行设定，包括 TCD 检测器的电流设定等功能）。

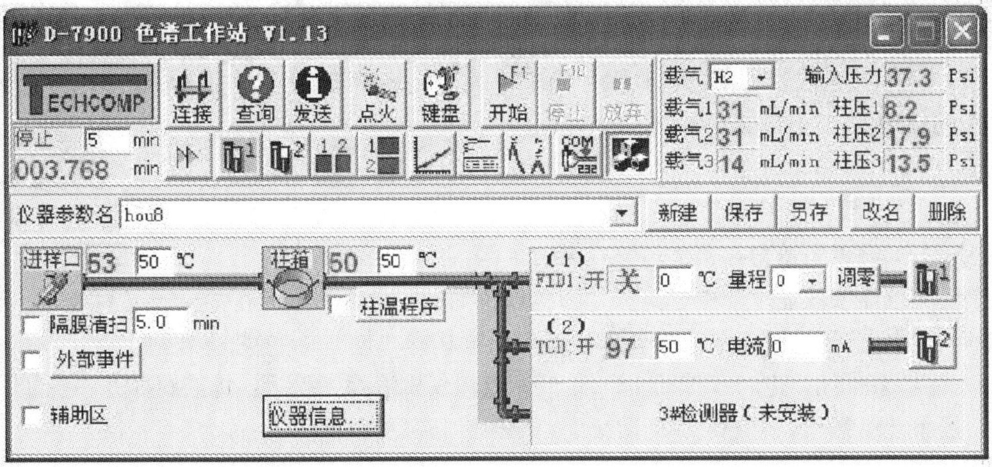

图Ⅱ-3　D-7900 色谱工作站操作画面

8. 当色谱工作站上基线呈平直时，即可进样。用 2 μL 微量注射器取样时，应先用被测试液洗涤 2～3 次，然后缓慢抽取试液。进样时要求注射器垂直于进样口（在色谱仪上方），左手扶针头以防弯曲，右手拿注射器，让注射器针尖穿过进样口垫片尽可能深的进入进样口，快速推入试样。停留 1～2 s 后，尽可能快而稳地抽出注射器（注意：若进样时间过长，会使色谱区域加宽而降低柱效率）。同时点击 D-7900 色谱工作站界面中的［开始］键，采集色谱数据，并重复进样一次。

9. 实验完毕，将检测器桥电流设置到零；将柱温、检测器温度和进样器温度均设定到50 ℃。待柱温、检测器温度和进样器温度降至设定温度后，关闭主机电源开关。顺时针方向旋转载气净化干燥器，将旋钮从“on”调至“off”，切断气路，最后关掉氢气发生器开关（注意：使用热导池检测器，开机时应先开载气，后开电源；关机时应先关电源，后关载气）。

10. 登记仪器使用情况，做好实验室的整理和清洁工作，并检查安全后方可离开实验室。

3. LC-16 型高效液相色谱仪基本操作流程

1. 操作前准备

（1）标样和样品的配制

在分析前一天称好一定重量的标样和样品，置于样品瓶中，加入流动相，室温放置。使用前缓慢水平摇动样品瓶，使样品浓度均匀，且瓶壁无气泡。

（2）流动相的准备

使用色谱纯级溶剂和超纯水配制流动相，经 0.45 μm 滤膜过滤后，超声 15 min，恢复到室温方可使用。

2. 分析操作步骤

(a) 打开空调，使室内温度保持在 25 ℃左右。

(b) 打开电脑及仪器（开仪器时，通常控制器最后开。如果控制器装在输液泵内部，则该输液泵最后开）。

(c) 运行 Labsolution 图标，点击“确定”进入 Labsolution 主项目界面，双击左上角“仪器”图标中的“LENOVO-PC-Instrument 1”。

(d) 点击“仪器参数显示”进样参数界面，编辑方法（仪器参数），“常规”仪器参数窗口设定方法参数：流动相流速（1 mL/min）、测定时间（根据分析方法设定）、柱温。选中“高级”，设置泵压力：最大值 20 MPa。

提示：“仪器参数显示”中“高级”为各设备的运行参数，参考相关说明书制定。

(e) 仪器排气点击“下载”按钮，出现对话框选择“是”，将参数下载到仪器。

(f) 输液泵排气：逆时针拧开 LC-16 液相色谱仪排液阀（提示：排液阀拧开不要超过 180°），按 purge 按钮，3 min 后自动结束，顺时针拧紧排气阀。

(g) 进样器冲洗：按自动进样器上 purge 按钮，25 min 后自动结束。

提示：自动进样器清洗液使用与流动相相同溶剂，但要去除添加的盐和酸等物质。

(h) 平衡色谱柱：待（e）结束后，按（泵 On/Off）使仪器按照方法参数开始运转，一般 60 min 左右基线可以走平。提示：可以与（f）步同时进行。

(i) 基线走平后，点击“单次分析开始”出现“单次分析”界面，输入样品名、数据文件存储地址等。

(j) 将六通进样阀旋至“Load”，进样；进针后旋至“Inject”，色谱工作站自动采集数据。全部出峰后，按“停止”，停止数据采集。

(k) 点击左下角“数据处理”图标，处理、打印色谱图。

3. 冲洗仪器

分析结束后，必须冲洗仪器和色谱柱。

色谱柱的维护：流动相中不含缓冲盐时，直接使用流动相冲洗 30 min，或使用甲醇∶纯水＝80∶20 冲洗 30 min 即可。若流动相含有缓冲盐，实验完毕后，用甲醇∶纯水＝10∶90 冲洗 30 min（如流动相中有表面活性剂，适当增加时间）后，再用甲醇∶纯水＝80∶20 冲洗 30 min，之后保存在此流动相条件下。若色谱仪超过一个星期不使用，需用 90％甲醇水保存。

4. 关机

停泵，等泵压降至 0.5 Mpa 以下，依次关闭仪器软件，关闭各仪器单元电源开关。

登记仪器使用情况，做好实验室的清洁工作，并检查安全后方可离开实验室。

4. LC 2100 型高效液相色谱仪基本操作流程

LC 2100 型高效液相色谱仪由 LC 2000 送液单元、四元低压梯度系统、20 μL 六通进样阀、柱温箱和可变波长紫外检测器组成。仪器的控制和数据的采集与处理由T 2000P 色谱工作站完成。该仪器的操作要领如下：

1. 按实验要求配制流动相。将装有流动相的贮液瓶置于超声波清洗器中脱气 30 min（用其他方式脱气亦可）。

2. 将四元泵 A、B、C、D 上末端有过滤器的输液管插入经脱气的流动相贮液瓶中，注意必须将滤头完全浸没在溶剂中，以免气泡进入管道。

3. 将选用的高效色谱柱安装在流路中，拧紧连接的柱接头。安装色谱柱时色谱柱标签上的箭头所示方向需与流动相的流动方向一致。

4. 打开高压输液泵电源开关，启动高压输液泵按钮，调节流动相至所需流量。打开柱恒温箱，调节柱温至实验温度。

5. 打开可变波长紫外吸收检测器电源，设定检测波长。

6. 打开计算机电源，双击桌面上的 T 2000P 色谱工作站图标，进入色谱工作站数据采集系统并监视色谱基线，待基线平直后，即可进样。

7. 将六通进样阀的切换手柄板至“LOAD”位置。用微量注射器吸取一定量的试液，排去注射器中存在的气泡（可用手指弹击注射器，排气一定要干净），然后将针头插入六通进样阀上的进样孔，迅速将试液推入进样阀的定量管，随后尽快旋转进样阀手柄切换至“INJECT”位置，此时色谱工作站自动开始样品分析与数据采集。半分钟后，拔出微量注射器。

8. 待色谱出峰完全后，点击色谱工作站“数据采集”中的“停止运行”，即完成一次进样，此时色谱数据已记录在数据文件中。重复上述 7～8 操作步骤，直至完成全部实验内容。

9. 实验结束后，用纯甲醇清洗进样阀及冲洗色谱柱和检测器约 30 min。色谱柱冲洗完毕，调节流动相流量为 0，停止高压泵运行。关闭高压泵电源和检测器电源。退出化学工作站并关闭计算机。

10. 登记仪器使用情况，做好实验室的清洁工作，并检查安全后方可离开实验室。

5. TAS-986F 型原子吸收光谱仪基本操作流程

1. 实验准备

(1) 打开排风；

(2) 安装元素工作灯。

2. 开机

开电脑，待稳定后，开仪器主机；打开仪器工作软件“AAwin”——联机——确定——仪器进行初始化。

3. 进行“元素灯选择”，工作灯（红色）；预热灯（黄色）

选择灯：如 Mg：8 号灯——双击——出现周期表——选中 Mg——确定——8 号位为 Mg 灯。

选灯结束——下一步——设置元素测量参数（建议用默认值）——下一步——设置波长（默认值）（主共振线）——寻峰——出现寻峰对话框——自动寻峰，若误差大于 0.1 nm，需调整燃烧器位置——关闭——完成。

4. 在“测量窗口”设置标准曲线及样品条件

(1) 参数——测量参数

常规：

标样：3 次；未知 3 次。

显示：

ABS：最大值：0.8；最小值：−0.1；刷清时间：50 s。

信号处理：计算时间—连续；积分时间—0.1 s；滤波系数—0.60。

(2) 样品——样品设置向导 设置样品信息、方法、浓度单位、标样浓度、试样个数等

校正方法：标准曲线　曲线方程：一次 $A=K\ [C]\ +K0$。

浓度单位：μg/mL。

标样——序号/浓度——下一步——空白校正。

样品数量：2。

样品名称——完成。

(3) 仪器——燃烧器参数

燃烧气流量　17 mL/min。

调节燃烧器位置　高度　mm　（修改后，按“执行”）

位置　Ca　0 mm；Mg　0 mm；Fe　0 mm；Mn　0 mm。

(4) 能量——自动能量平衡

——优化能量为 100%

5. 开空压机——空气=0.24 MPa；开乙炔气，调节分压阀压力为 0.10；点火。

6. 测量　按▶　测量，出现窗口，用去离子水校零，然后依次吸样，读数。

(1) 标定工作曲线：标样做好后，出现线性曲线，查看工作曲线详细信息。

(2) 测量未知样品，记录测量数据及方法。

7. 结束工作

(1) 吸喷去离子水，清洗燃烧系统。

(2) 关闭乙炔总阀门，主机火焰自动熄灭。

(3) 关空压机，排空压机水。

(4) 关主机，关软件系统，关计算机。

8. 登记仪器使用情况，做好实验室的清洁工作，并检查安全后方可离开实验室。

6. 8400S 型傅里叶变换红外光谱仪基本操作流程

1. 开机

按顺序开红外光谱仪主机、计算机主机及打印机等电源开关，仪器主机需预热 20 min。

2. 启动软件

开启计算机主机进入 Windows 操作系统，双击桌面上的“IRsolution Chinese”图标进入 IRsolution 工作站。

3. 仪器初始化

点击菜单条上“测定”中的“初始化”，初始化仪器至 2 个绿灯亮起，即可进行文件名等相关参数设定和光谱测定。

4. 光谱测定

(1) 采集背景的红外光谱：打开样品室盖，将空白片置于红外样品架上，盖上样品室盖。点击菜单条上“测定”中的“背景扫描”，进行背景扫描，消除背景干扰。

（2）采集试样的红外光谱：打开样品室盖，取出空白片，将试样片置于红外样品架上，盖上样品室盖。点击“测定”中的“样品扫描”，进行试样扫描。自动扣除背景，得到试样的红外谱图。

5. 谱图处理及打印

（1）依次点击菜单条上“处理 1”→平滑→计算→OK；

（2）依次点击菜单条上“处理 1”→峰表（选峰、定峰）→计算→OK；

（3）依次点击菜单条上“谱图”→标尺→伸展或收缩。

（4）谱图处理好后，文件打印→带格式打印→选 Spectrum _ 1. ptm 格式。

6. 关机

测定工作完毕后，应按照操作系统的要求，逐级退出窗口，关闭计算机主机，关闭显示器、红外光度计主机、打印机。

7. 清洁

实验结束，用无水乙醇将研钵、压片器具洗干净，烘干后，存放于干燥器中。登记仪器使用情况，做好实验室的清洁工作，并检查安全后方可离开实验室。

7. Nicolet iS5 型傅里叶变换红外光谱仪操作规程

1. 打开光学台电源，仪器灯闪烁（自诊断中）。

2. 启动电脑，当光学台自诊断完成后（灯不闪），双击 OMNIC 图标。

3. 点击“采集”“实验设置”。

（1）选“光学台”查看干涉信号的强度，应为最大值 5 V 以上左右。

（2）选“采集”查看，选择条件参数（背景处理通常选一“采集样品前采集背景”或三“采集背景在□分钟后”），然后确定。

4. 采集光谱

当背景方式为一时：

（1）选“采集样品”，出现采集样品对话框，输入谱图标题（文件名：药品批次等），点击确定。

（2）出现“背景采集确定”对话框，将空白 KBr 压片放入样品架，置入样品仓。点击确定。

（3）背景采集完毕，出现“样品采集确定”对话框，将含样品的 KBr 片放入样品架，置入样品仓。点击确定。

（4）采集样品结束，出现“数据采集完成，加到窗口”对话框，点击确定。该光谱即在显示窗口中出现。

当背景方式为三时：

（1）将空白 KBr 压片放入样品架，置入样品仓。点击背景采集。

（2）将含样品的 KBr 片放入样品架，置入样品仓。点击样品采集。在出现的对话框中加入文件名（药品、批次等），点“确定”，待系统执行采集后，左上角出现的窗口中选“确定”，该光谱即在显示窗口中出现。

5. 基线校正、标峰、打印、保存、关闭、显示（打印）有关信息

（1）基线校正

选“数据处理”中“吸光度（A）”，将透光率模式转化为吸光度模式。再点击“自动基线校正”进行基线校正后返回“透光率”方式（必须在吸光度模式下才可基线校正）。

（2）平滑

选“数据处理”中“自动平滑”或“平滑”，若选择“平滑”，设置使用平滑点数。

（3）标峰

选“谱图分析”中“标峰”，移动谱图中直线进行标峰，之后点击“替代”原图。

（4）信息加入：选“显示”中“显示参数设定”，出现“设置显示”对话框，点击“选择采集信息”和相关项目，然后确实。

（5）点击“打印”打印光谱。

（6）选“文件”中“保存”，选择路径，设置文件名，然后“保存”。

（7）点击“删除”清除不需要的光谱。

Nicolet iS5 的使用注意事项：

（1）仪器干涉仪密封仓、样品仓内应置充分、有效的干燥剂（变色硅胶的颜色不得转红）。

（2）所有接入插头的变更，均需在切断电源状态下进行。

（3）整个系统须可靠接地，若电源波动较大，请加接净化稳压电源。断电后须人工复位。

（4）环境温度：15～25 ℃；相对湿度：20%～60%。

8. 970CRT 型荧光分光光度计基本操作流程

1. 开氙灯，开主机电源。

2. 开电脑，双击 crt9702009，打开操作软件。

（1）系统→设备初始化。

（2）设置——参数——灵敏度为 2，EM 狭缝等都不修改，扫描速度为高速——点 ex 扫描——设置 EX：400～500 nm；EM：525 nm —— 确定

放入标样（关好仓门）—— 扫描 ——扫描完成后，找出 λ_{ex}^{max}，并记录——参数 ——点 em 扫描——设定 λ_{ex}^{max}；EM：480～600nm——设置完成

——扫描—— 扫描完成后，找出 λ_{ex}^{max}，并记录。

（3）GOTO λ——设定 λ_{ex}^{max}、λ_{em}^{max}—— 确定。

（4）标准曲线—— 输入样品名称（例如维生素 B2－1）—— 比色皿装参比（例：去离子水）—— 点扣本底，本底测量 —— 放入标样 1，输入浓度（0.2 μg/mL）—— 测试——测试数据出来后，添加—— 放入标样 2，输入浓度（0.4 μg/mL）—— 测试——测试数据出来后，添加 —— 依次测完 5 个标样后 —— 拟合 —— 保存。

（5）样品浓度——计算曲线（点开维生素 B2－1）—— 放入未知样—— 测试 —— 出样品浓度、荧光值。

3. 关机：关电脑——关主机——关氙灯。

9. UV-1800 型紫外分光光度计操作规程

1. 建立通讯

(1) 打开 UV-1800 主机开关，仪器自动进行开机自检。

(2) 开启计算机并运行 UVProbe 软件，单击工具栏中的［连接］，计算机将监测仪器自检状况。

(3) 当所有自检顺利通过后，UV-1800 显示屏出现用户、密码输入界面，按下主机上［ENTER］键，再按下［F4］键进入“PC 控制”。

(4) 单击计算机屏幕上的［确认］，连接仪器和计算机，建立通讯。

2. 光谱测定

(1) 单击工具栏［光谱］，进入光谱测定模块。

(2)［编辑］—［方法］，进入“光谱方法”对话框。在“测定”选项卡中设定<波长范围><扫描速度>等项目；“仪器参数”中选择<测定方式>等项目；“附件”（6 连池）确定使用的<池数目>，单击［初始化］，初始化过程结束后，单击［确定］。

(3) 放入去离子水空白，执行二［基线校正］和［自动调零］。

(4) 将参比、样品比色皿插入对应的池架，盖好样品室盖，单击［开始］，进入光谱扫描。

(5) 扫描结束后，［文件］—［另存为］，将文件保存为“. spc”（光谱文件），实验方法［另存为］“. smd”（方法文件）。

注：存储光谱文件时需要存储每一个数据储元为单独一个文件，简单的方法是依次双击右侧的数据对象列表中的每一个对象，选中对象后单击工具栏的［保存］，软件将自行命名每一个数据储元。

3. 光度测定

(1) 单击工具栏［光度测定］，进入光度测定模块。

(2)［编辑］—［方法］，打开“光度测定方法向导”，对话框。设置“波长类型”并添加使用“波长”，单击［下一步］。选择“标准曲线”的“类型”、“定量法”和激活的 WL 选项，设置曲线“参数”。单击［下一步］。

设置“光度测定方法向导—［测定参数（标准）］，单击［下一步］。

设置“光度测定方法向导—［测定参数（样品）］，单击［下一步］。

确认“光度测定方法向导—［文件属性］后单击：［完成］。

单击工具栏［方法］，在“光度测定方法”中确认“仪器参数”中的<测定方式>等项目，在“附件”选项卡中确认 6 连池的使用“池数目”，进行［初始化］结束后［关闭］。

(3) 执行［自动调零］和［池空白］后，将参比和标准品比色皿放入对应的池架。

(4) 激活<标准表>，依次输入“样品 ID”和对应的“浓度”、“权重因子”等内容。

(5) 单击光度计按键栏。［读取 Std.］，进行标准样的光度测定。

(6) 测定后通过［文件］—［另存为］“. Pho”（光度测定文件）、“. pmd”（方法文件）和“. std”（标准文件）。

(7) 使用已保存的方法或新建光度测定方法后，执行［自动调零］和［池空白］，再将参比和样品比色皿放入对应的池架。

(8) 激活<样品表>，输入“样品 ID”等信息。单击光度计按键栏［读取 Unk.］，进行样品的光度测定。

(9) 从［文件］—［打开］“打开光度测定文件”对话框，选择所要使用的“.Std”(标准文件)，将标准曲线引入，从而自动得到样品的浓度。

(10) 保存相应的光度测定文件、方法等信息。

(11) 断开 UVProbe 和仪器的连接，关闭仪器主机开关，退出 UVProbe 操作作界面。

10. VIS-7200A 型可见分光光度计基本操作流程

1. 开机，预热至少半小时。

2. 拿出干燥剂，分光光度计样品槽数字 1、2、3、4 朝左边，所有比色皿数字 G 朝向一边放置。一号比色皿加入蒸馏水，二号比色皿加入红紫色的$[Co(NH_3)_5Cl]Cl_2$，三号比色皿加入橙黄色的$[Co(NH_3)_6]Cl_3$，液面高度不能超出比色皿高度的五分之四，用纸擦干比色皿表面。

3. 开机后，机器自检，按下表操作。

界面	操作
1. Select　Mode 1) **single point** 2) **Wave scan** 3) **other**	按“.”，黑线条指向“2”。 按“**enter**”
2. Scan condition 系统已将起始、终止的波长，步长，测量单位，最大最小吸光度设定好，无需修改。	不断按“**enter**” 直至出现“**press ‘enter’**”，按“**enter**”
3. Wavelength Scan Testing Base Energy	系统进行基线扫描，约需 2 min。扫描完毕，按“enter”
4. Wavelength Scan Testing Reference	系统进行空白溶液扫描，时间同上。 扫描完毕，拉一格，按“**enter**”。
5. Wavelength Scan 不断有吸光度值被刷新。扫描结束，出现 ABS 随波长变化的曲线。	系统开始测量 1# 样品的吸光度值，出现 ABS 的曲线后，按“print”
6. print mode **Print graph**	按“.”，黑线条下移
7. print mode **Display peak**	黑线条指向“**Display peak**”，按“**enter**”
8. **Wave**　**ABS** xxx　xxx xxx　xxx	出现左边界面后，记下数值，然后拉一格，按“**enter**”，测量 2# 样品，重复“操作 5～7”

4. 实验结束后，清洗比色皿，擦干比色皿外壁（内壁不能擦），放回比色皿盒，并将干燥剂放回分光光度计检测盒内。

注意：(1) 在仪器使用任何操作过程中，若出现操作失误，按下“**stop**”键，再按下“**mode**”键，回到仪器自检后的待测界面（表中的界面 1），重新开始检测。

(2) 若出现“**too low**”，使随后的操作无法进行，请关总开关，再开机，待仪器进行自检并完成后，按“**mode**”键，回到表中的界面 1，重新开始检测。

11. PHS-3C 型酸度计操作规程

PHS-3C 酸度计与复合 pH 电极联合使用，是可靠、基本的 pH 测量系统。配上其他离子选择性电极可测量离子的浓度。PHS-3C 酸度计带有大而明亮的 LED 显示器，可将 pH 值或 mV 值，摄氏温度读数同时显示。PHS-3C 酸度计用八个键控制所有功能：

键	功能
pH/mV	按此键选择测量方式或进行 mV 与 pH 和温度的转换
确定	按此键接受设置或确定标液
滚动（▲，▼）	可用来在标定菜单中进行标液选择；也可用来在测量方式中的人工温度设置。
标定	按此键开始标定。
EO/S	按此键查看 pH 电极的零点和斜率
水质	用于选择测量的水质，对纯水和加氨纯水进行 25 ℃的折算
打印	打印出当前的 pH 值和温度值

(1) 在主机上接上电源线，把指示电极的插头插入测量电极插座处；把参比电极接入仪器后部的参比电极接口处。将电极均夹在电极架上。

(2) 开机后，会出现一个 pH 值的显示，按 pH/mV 键将屏幕显示转换为 mV（电位）显示。

(3) 将电极的保护外套取下，用去离子水清洗电极头部并擦拭干净。

(4) 把两种电极插在被测溶液内，将溶液搅拌均匀后，即可在显示屏上读出该离子选择电极的电极电位（mV 值），还自动显示±极性；如果被测信号超出仪器的测量范围，仪器将显示“**Err**”字样。

(5) 测完一个被测溶液后，用去离子水清洗电极头部并擦拭干净，再放入另一待测溶液中。

【附录2】 常用酸碱溶液的浓度

常用酸碱溶液的浓度

试剂名称	相对密度	质量分数/%	c/(mol·L^{-1})
盐酸	1.18—1.19	36~38	11.6~12.4
硝酸	1.39~1.40	65.0~68.0	14.4~15.2
硫酸	1.83~1.84	95~98	17.8~18.4
磷酸	1.69	85	14.6
高氯酸	1.68	70.0~72.0	11.7~12.0
冰醋酸	1.05	99.8(优级纯),99.0(分析纯、化学纯)	17.4
氢氟酸	1.13	40	22.5
氨水	0.91 0.88	28.3 35.0	15.0 18.0

【附录 3】　国际相对原子量与常用化合物的摩尔质量

相对原子量表

元素名称	元素符号	相对原子质量	元素名称	元素符号	相对原子质量	元素名称	元素符号	相对原子质量
氢	H	1.008	铝	Al	26.98	铁	Fe	55.55
氦	He	4.003	硅	Si	28.09	铜	Cu	63.55
碳	C	12.01	磷	P	30.97	锌	Zn	65.41
氮	N	14.01	硫	S	32.07	溴	Br	79.90
氧	O	16.00	氯	Cl	35.45	银	Ag	107.9
氟	F	19.00	钾	K	39.10	碘	I	126.9
氖	Ne	20.18	氩	Ar	39.95	钡	Ba	137.3
钠	Na	22.99	钙	Ca	40.08	铂	Pt	195.1
镁	Mg	24.31	锰	Mn	54.94	金	Au	197.0

常用化合物的摩尔质量

化合物	M/mol	化合物	M/mol
$AgBr$	187.78	$CaCl_2$	110.99
$AgCl$	143.32	$CaCl_2 \cdot H_2O$	129.00
$AgCN$	133.89	CaF_2	78.08
Ag_2CrO_4	331.73	$Ca(NO_3)_2$	164.09
AgI	234.77	CaO	56.08
$AgNO_3$	169.87	$Ca(OH)_2$	74.09
$AgSCN$	165.95	$CaSO_4$	136.14
Al_2O_3	101.96	$Ca_3(PO_4)_2$	310.18
$Al_2(SO_4)_3$	342.15	$Ce(SO_4)2$	332.24
As_2O_3	197.84	$Ce(SO_4)_2 \cdot 2(NH_4)_2SO_4 \cdot 2H_2O$	632.54
As_2O_5	229.84	CH_3COOH	60.04
$BaCO_3$	197.34	CH_3OH	32.04
BaC_2O_4	225.35	CH_3COCH_3	58.07
$BaCl_2$	208.24	C_6H_5COOH	122.11
$BaCl_2 \cdot 2H_2O$	244.27	C_6H_5COONa	144.09
$BaCrO_4$	253.32	$C_6H_4COOHCOOK$（苯二甲酸氢钾）	204.20
BaO	153.33	C_6H_5OH	94.11

化合物	M/mol	化合物	M/mol
$Ba(OH)_2$	171.35	$(C_9H_7N)_3H_3(PO_4 \cdot 12MoO_3)$(磷钼酸喹啉)	2212.73
$BaSO_4$	233.39	$CaCO_3$	100.09
CaC_2O_4	128.10	$COOHCH_2COOH$	104.06
CH_3COONa	82.02	$COOHCH_2COONa$	126.04
CCl_4	153.82	HgO	216.59
CO_2	44.01	HgS	232.65
Cr_2O_3	151.99	$HgSO_4$	296.65
$Cu(C_2H_3O_2)_2 \cdot 3Cu(AsO_2)_2$	1013.79	Hg_2SO_4	497.24
CuO	79.54	$KAl(SO_4)_2 \cdot 12H_2O$	474.39
Cu_2O	143.09	$KB(C_6H_5)_4$	358.32
$CuSCN$	121.62	KBr	119.01
$CuSO_4$	159.61	$KBrO_3$	167.01
$CuSO_4 \cdot 5H_2O$	249.69	KCN	65.12
$FeCl_3$	162.20	K_2CO_3	138.21
$FeCl_3 \cdot 6H_2O$	270.29	KCl	74.56
FeO	71.84	$KClO_3$	122.55
Fe_2O_3	159.69	$KClO_4$	138.55
Fe_3O_4	231.53	K_2CrO_4	194.20
$FeSO_4 \cdot H_2O$	169.92	$K_2Cr_2O_7$	294.19
$FeSO_4 \cdot 7H_2O$	278.02	$KHC_2O_4 \cdot H_2C_2O_4 \cdot 2H_2O$	254.19
$Fe_2(SO_4)_3$	399.88	$KHC_2O_4 \cdot H_2O$	146.14
$FeSO_4 \cdot (NH_4)_2SO_4 \cdot 6H_2O$	392.15	KI	166.01
H_3BO_3	61.83	KIO_3	214.00
HBr	80.91	$KIO_3 \cdot HIO_3$	389.92
$H_2C_4H_4O_6$(酒石酸)	150.09	$KMnO_4$	158.04
HCN	27.03	KNO_2	85.10
H_2CO_3	62.02	K_2O	94.20
$H_2C_2O_4$	90.03	KOH	56.11
$H_2C_2O_4 \cdot 2H_2O$	126.07	$KSCN$	97.18
$HCOOH$	46.03	K_2SO_4	174.26
HCl	36.46	$MgCO_3$	84.31
$HClO_4$	100.46	$MgCl_2$	95.21

化合物	M/mol	化合物	M/mol
HF	20.01	$MgNH_4PO_4$	137.33
HI	127.91	MgO	40.31
HNO_2	47.01	$Mg(OH)_2$	58.32
HNO_3	63.01	$Mg_2P_2O_7$	222.60
H_2O	18.02	$MgSO_4 \cdot 7H_2O$	246.47
H_2O_2	34.02	$MnCO_3$	114.95
H_3PO_4	98.00	$MnCl_2 \cdot 4H_2O$	197.91
HS_2	34.08	$Mn(NO_3) \cdot 4H_2O$	287.04
H_2SO_3	82.08	MnO	70.94
H_2SO_4	98.08	MnO_2	86.94
$HgCl_2$	271.50	MnS	87.00
Hg_2Cl_2	472.09	$MnSO_4$	151.00
$Hg_2(NO_3)_2$	525.19	$MnSO_4 \cdot 4H_2O$	223.06
$Hg_2(NO_3)_2 \cdot 2H_2O_2$	561.22	$Na_2B_4O_7$	201.22
$Na_2B_4O_7 \cdot 10H_2O$	381.37	$(NH_4)_2CO_3$	96.09
$NaBiO_3$	279.97	$(NH_4)_2C_2O_4$	124.10
$NaBr$	102.90	$(NH_4)_2C_2O_4 \cdot H_2O$	142.11
$NaCN$	49.01	$NH_4Fe(SO_4)_2 \cdot 12H_2O$	480.18
$NaSCN$	81.07	NH_4HCO_3	79.06
Na_2CO_3	105.99	$NH_3 \cdot H_2O$	35.05
$Na_2CO_3 \cdot 10H_2O$	286.14	$(NH_4)2HPO_4$	132.05
$Na_2C_2O_4$	134.00	$(NH_4)_2MoO_4$	196.01
CH_3COONa	82.03	NH_4NO_3	80.04
$CH_3COONa \cdot 3H_2O$	136.08	$(NH_4)_3PO_4 \cdot 12MoO_3$	1876.53
$Na_3C_6H_5O_7$(柠檬酸钠)	258.07	$(NH4)S$	68.14
$NaC_5H_8NO_4 \cdot H_2O$(L—谷氨酸钠)	187.13	NH_4SCN	76.12
$NaCl$	58.44	NH_4VO_3	116.98
$NaClO$	74.44	$NiCl_2 \cdot 6H_2O$	237.70
NaF	41.99	NiO	74.70
$Na_2B_4O_7$	201.22	$Ni(NO_3)_2 \cdot 6H_2O$	290.80
$NaHCO_3$	84.01	NiS	90.76
NaH_2PO_4	119.98	$NiSO_4 \cdot 7H_2O$	280.86

化合物	M/mol	化合物	M/mol
Na_2HPO_4	141.96	$NiC_8H_{14}O_4N_4$(丁二酮肟镍)	288.91
$Na_2HPO_4 \cdot 12H_2O$	358.14	P_2O_5	141.95
$Na_2H_2C_{10}H_{12}O_8N_2$(EDTA 二钠)	336.21	$PbCO_3$	267.21
$(NH_4)_2SO_4$	132.12	PbC_2O_4	295.22
$Na_2H_2C_{10}H_{12}O_8N_2 \cdot 2H_2O$	372.24	$PbCl_2$	278.10
NaI	149.89	$PbCrO_4$	323.18
$NaNO_2$	69.00	$Pb(CH_3COO)_2$	325.29
Na_2O	61.98	$Pb(CH_3COO)_2 \cdot 2H_2O$	379.30
NaOH	40.01	PbI_2	461.01
Na_3PO_4	163.94	$Pb(NO_3)_2$	331.21
Na_2S	78.05	PbO	223.19
$Na_2S \cdot 9H_2O$	240.18	PbO_2	239.19
Na_2SO_3	126.04	Pb_3O_4	685.57
Na_2SO_4	142.04	$Pb_3(PO_4)_2$	811.54
$Na_2SO_4 \cdot 10H_2O$	322.20	PbS	239.30
$Na_2S_2O_3$	158.11	$PbSO_4$	303.26
$Na_2S_2O_3 \cdot 5H_2O$	248.19	SO_2	64.06
Na_2SiF_6	188.06	SO_3	80.06
NH_3	17.03	$SbCl_3$	228.11
CH3COONH4	77.08	$SbCl_5$	299.02
$NH_2OH \cdot HCl$(盐酸羟胺)	69.49	Sb_2O_3	291.52
NH_4Cl	53.49	Sb_2S_3	339.72
SiO_2	60.08	SiF_4	104.08
$SnCO_3$	178.72	$UO_2(CH_3COO)_2 \cdot 2H_2O$	424.15
$SnCl_2$	189.60	WO_3	231.84
$SnCl_2 \cdot 2H_2O$	225.63	$ZnCO_3$	125.39
$SnCl_4$	260.50	ZnC_2O_4	153.40
$SnCl_4 \cdot 5H_2O$	350.58	$ZnCl_2$	136.30
SnO_2	150.69	$Zn(CH_3COO)_2$	183.47
SnS	150.75	$Zn(CH_3COO)_2 \cdot 2H_2O$	219.50
$SrCO_3$	147.63	$Zn(NO_3)_2$	189.39
SrC_2O_4	175.64	$Zn(NO_3)_2 \cdot 6H_2O$	297.48

化合物	M/mol	化合物	M/mol
$SrCrO_4$	203.61	ZnO	81.39
$Sr(NO_3)_2$	211.63	$Zn_2P_2O_7$	304.72
$Sr(NO_3)_2 \cdot 4H_2O$	283.69	ZnS	97.44
$SrSO_4$	183.69	$ZnSO_4$	161.54
TiO_2	79.87	$ZnSO_4 \cdot 7H_2O$	287.55

【附录 4】 安全承诺书

为了保障学生个人和实验室的安全，学生进入实验室之前，须仔细阅读并签订《学生实验安全承诺》：

1. 做实验前，根据所做实验的安全要求做必要的准备和充分的预习，在得到教师允许的情况下进入实验室，开始实验；

2. 进入实验室要穿实验服，不穿短裤、裙子、高跟鞋、拖鞋、凉鞋等进入实验室；

3. 在实验室内不吸烟、不饮食、不接听手机、不大声喧哗及追逐打闹，不随意离开实验室；

4. 实验时思想集中，按照实验步骤认真操作，认真记录实验现象，未经允许，不随意改动实验操作前后次序；

5. 严格按照要求取用各种化学试剂，不浪费化学试剂，按规定回收或将废弃物倒入指定容器，不得将实验室内物品带出实验室；

6. 严格遵从指导老师对危险化学品的使用操作要求，未经许可，不随意更改；

7. 爱护实验仪器设备，严格按照使用说明操作仪器；除指定使用的仪器外，不随意乱动其他设备，实验用品不挪作他用；

8. 实验结束后，清洗所使用的仪器，清理桌面，打扫卫生，关闭水、电、煤气的总阀门以及门窗，经指导教师检查认可后，再离开实验室。

学生姓名		学号	
所在学院		班级	
课程名称			
实验时间	_____至_____学年 第_____学期 星期_____ 上午/下午		

本人已认真阅读了以上条款，并承诺履行。若因违背上述承诺造成意外人身伤害事故，后果本人自负。

学生签名：

时间：　　　年　　月　　日

【附录5】 分析化学实验预习报告

实验1 盐酸标准溶液的配制及标定

姓名__________ 序号__________指导老师__________实验日期__________

1. 盐酸标准溶液为什么不能用直接法配制?

2. 用 Na_2CO_3 标定 HCl 时，如何计算 Na_2CO_3 的称取量？应采用什么指示剂？为什么?

3. 称取 Na_2CO_3 时采用什么方法？应如何操作?

4. 写出本实验的实验步骤。

5. 试写出实验中盐酸浓度的计算公式、相对偏差计算公式，以及所涉及的式量。

实验 2　碱液中 NaOH 和 Na_2CO_3 含量的测定

姓名__________　序号__________指导老师__________实验日期__________

1. 本实验应采用什么指示剂？什么情况下用双指示剂，什么情况下用单指示剂？为什么？

2. 据你推测，可能有几种类型的混合碱？它们各自的特点是什么？

3. 本实验和盐酸标定实验有何异同点？

4. 写出本实验的实验步骤。

5. 试写出本实验中总碱度的计算公式、相对偏差计算公式，以及相关式量。

实验 3　EDTA 标准溶液的配制及标定

姓名__________　序号__________指导老师__________实验日期__________

1. 本实验标定 EDTA 所用的指示剂是什么，试简述其变色原理。

2. 本实验用什么试剂调节溶液的 pH 值？简述其原理。

3. 用 HCl 溶液溶解 $CaCO_3$ 基准物时，操作中应注意哪些事项？

4. 写出本实验的实验步骤。

5. 试写出本实验中 EDTA 浓度的计算公式、相对偏差计算公式，以及相关式量。

实验 4　水硬度的测定

姓名__________　序号__________指导老师__________实验日期__________

1. 用 EDTA 滴定法怎样测出水的总硬度？用什么指示剂？终点如何变色？

2. 本滴定实验中试液的 pH 值应分别控制在什么范围？如何控制？

3. 写出钙硬、总硬测定的实验步骤。

4. 试写出本实验中总硬、钙硬的计算公式、偏差计算公式，以及相关式量。

实验 5　高锰酸钾标准溶液的配制及标定

姓名_________　序号_________指导老师_________实验日期_________

1. 试述高锰酸钾溶液的配制过程。

2. 为什么配制 $KMnO_4$溶液时，要将 $KMnO_4$的水溶液煮沸一定时间且放置数天？

3. 估算标定 0.02 $mol \cdot L^{-1}$ $KMnO_4$溶液所用 $Na_2C_2O_4$基准试剂的称量范围，为什么？

4. 写出标定 $KMnO_4$ 标准溶液浓度的实验步骤。

5. 试写出本实验 $KMnO_4$ 浓度的计算公式、偏差计算公式，以及相关式量。

实验 6　过氧化氢含量的测定

姓名__________　序号__________指导老师__________实验日期__________

1. 本实验中的两种溶液是否都是氧化剂？为什么？

2. 本实验可否加热？在 H_2O_2移取过程中有哪些注意事项？

3. 写出过氧化氢含量测定的实验步骤。

4. 试写出本实验中 H_2O_2 含量的计算公式、偏差计算公式，以及相关式量。

实验 7　硫代硫酸钠标准溶液的配制及标定

姓名__________　序号__________指导老师__________实验日期__________

1. 如何计算 $KBrO_3$ 的称取量？

2. 标定 $Na_2S_2O_3$ 时三个碘量瓶中称取 $KBrO_3$ 后，能否一起加好试剂，然后依次进行滴定？为什么？

3. 在滴定过程中，指示剂淀粉应该何时加入？可否滴定开始时加入？为什么？

4. 写出本实验的实验步骤。

5. 试写出本实验中 $Na_2S_2O_3$浓度的计算公式、偏差计算公式，以及相关式量。

实验 8　铜盐中铜含量的测定

姓名__________　序号__________指导老师__________实验日期__________

1. 在滴定过程中，指示剂淀粉应该何时加入？可否滴定开始时加入？为什么？

2. KSCN 的作用是什么？能否实验一开始就加 KSCN？为什么？

3. 写出本实验的实验步骤。

4. 试写出本实验中铜盐含量的计算公式、偏差计算公式，以及相关式量。

实验 9　水中微量铁含量的测定——目视比色和分光光度法

姓名＿＿＿＿＿　序号＿＿＿＿＿指导老师＿＿＿＿＿实验日期＿＿＿＿＿

1. 为何要制作吸收曲线和标准曲线？

2. 为了使分光光度测定结果的误差尽可能小一些，吸光度的最佳读数范围为多少？如何控制？

3. 什么是空白溶液？在本实验中采用何种空白？

4. 使用比色皿时，应注意什么？

5. 写出未知样中原始铁含量的计算式。

实验 10　亚铁盐含量的测定——电位滴定法

姓名__________　序号__________指导老师__________实验日期__________

1. 写出本实验的实验步骤。

2. 本实验中 $K_2Cr_2O_7$ 为什么可以直接配制成标准溶液？

3. 写出 $K_2Cr_2O_7$ 标准溶液的浓度计算公式，并列出 $K_2Cr_2O_7$ 的式量。

4. 试写出试样中 Fe^{2+} 含量的计算公式（注：老师发的试样按 20 mL 计算）。

5. 预习分析化学教材第八章电位分析中电位滴定数据处理的有关内容。

实验 11　离子选择性电极法测定水中微量 F^- 的含量

姓名＿＿＿＿＿＿　序号＿＿＿＿＿＿指导老师＿＿＿＿＿＿实验日期＿＿＿＿＿＿

1. 写出本实验的实验步骤。

2. 写出本实验的所有计算公式。

3. 预习分析化学教材第八章电位分析中电位测定法这一节有关内容。

实验 12　可溶性硫酸盐总量的离子交换法测定

姓名________　序号________指导老师________实验日期________

1. 画出阳离子交换树脂的示意图。

2. 写出离子交换树脂反应方程式，并据此简述可溶性硫酸盐总量的测定原理。

3. 详细写出本实验的操作步骤。

4. 装柱过程中需注意哪些问题?

【附录 6】 分析化学实验报告

实验 1 盐酸标准溶液的配制及标定

姓名__________ 序号__________指导老师__________实验日期__________

一、实验目的

二、实验原理

三、仪器与试剂

四、实验数据及处理

1. HCl 浓度的计算公式为：

2. 实验数据

项目 次序	Ⅰ	Ⅱ	Ⅲ
称量瓶＋ Na_2CO_3(原重 g)			
称量瓶＋ Na_2CO_3(倾出后重 g)			
Na_2CO_3 质量/g			
HCl 初读数/mL			
HCl 终读数/mL			
HCl 净用量/mL			
HCl 浓度/($mol \cdot L^{-1}$)			
HCl 浓度平均值/($mol \cdot L^{-1}$)			
相对平均偏差/%			

五、思考题

1. 如何计算浓 HCl 的量取体积？配制盐酸溶液时应如何操作？

2. 如何计算 Na_2CO_3 的称量范围？

3. Na_2CO_3 试剂易吸潮，实验中应如何避免误差？

4. 溶解 Na_2CO_3 时是否需要准确控制所加入水的量？

5. 何谓指示剂的变色点？

实验 2　碱液中 NaOH 和 Na_2CO_3 含量的测定

姓名__________　序号__________指导老师__________实验日期__________

一、实验目的

二、实验原理

三、仪器与试剂

四、实验数据及处理

1. 计算公式：

2. 实验数据

项目 / 次序	Ⅰ	Ⅱ	Ⅲ
盐酸初读数/mL			
第一终点盐酸读数/mL			
盐酸用量 V_1/mL			
第二终点盐酸读数/mL			
盐酸用量 V_2/mL			
盐酸摩尔浓度/(mol/L)			
NaOH/(g/L)			
NaOH 平均含量/(g/L)			
相对平均偏差/%			
Na_2CO_3/(g/L)			
Na_2CO_3平均含量/(g/L)			
相对平均偏差/%			
Na_2O/(g/L)			
Na_2O 平均含量/(g/L)			
相对平均偏差/%			

五、思考题

1. 滴定用的锥形瓶是否要用被滴定溶液润洗，为什么？

2. 用双指示剂法测定混合碱，所消耗 HCl 标准溶液的体积 V_1、V_2可能存在下面五种情况，试判断各种情况下试样的组成是什么？

(1) $V_1 > V_2$ (2) $V_1 < V_2$ (3) $V_1 = V_2$ (4) $V_1 = 0$ (5) $V_2 = 0$

3. 什么是总碱量？

实验3　EDTA标准溶液的配制及标定

姓名__________　序号__________指导老师__________实验日期__________

一、实验目的

二、实验原理

三、仪器与试剂

四、实验数据处理

1. EDTA浓度的计算公式：

2. 数据表格

项目 / 次序	Ⅰ	Ⅱ	Ⅲ
称量瓶＋ $CaCO_3$(原重 g)			
称量瓶＋ $CaCO_3$(倾出后重 g)			
$CaCO_3$ 质量/g			
$CaCO_3$ 浓度/(mol · L^{-1})			
EDTA 初读数/mL			
EDTA 终读数/mL			
EDTA 净用量/mL			
EDTA 浓度/(mol · L^{-1})			
EDTA 浓度平均值/(mol · L^{-1})			
相对平均偏差/%			

五、思考题

1. 用 $CaCO_3$标定 EDTA 溶液时，为什么要加入镁盐溶液？其对 Ca^{2+} 的滴定会产生影响吗？

2. 应用钙指示剂以 EDTA 滴定 Ca^{2+} 时，溶液的 pH 值应为多少？为什么？

3. 络合滴定操作应该注意哪些问题？

实验 4　水硬度的测定

姓名________　序号________指导老师________实验日期________

一、实验目的

二、实验原理

三、仪器与试剂

四、实验数据处理

1. 钙硬计算公式：

2. 数据表格

项目 次序	Ⅰ	Ⅱ	Ⅲ
EDTA 初读数/mL			
EDTA 终读数/mL			
EDTA 净用量/mL			
EDTA 浓度/($mol \cdot L^{-1}$)			
水的钙硬度			
平均钙硬度			
相对平均偏差/%			

3. 总硬计算公式：

4. 数据表格

项目 次序	Ⅰ	Ⅱ	Ⅲ
EDTA 初读数/mL			
EDTA 终读数/mL			
EDTA 净用量/mL			
EDTA 浓度/($mol \cdot L^{-1}$)			
水的总硬度			
平均总硬度			
相对平均偏差/%			

五、思考题

1. 测定钙镁总硬时，为什么要加 NH_3Cl-NH_4Cl 缓冲溶液？

2. 如果要知道水中是否有钙盐或镁盐，可以采用什么简单的检验方法？

实验5　高锰酸钾标准溶液的配制及标定

姓名__________　序号__________指导老师__________实验日期__________

一、实验目的

二、实验原理

三、仪器与试剂

四、实验数据处理

1. $KMnO_4$浓度的计算公式：

2. 数据表格

项目 / 次序	Ⅰ	Ⅱ	Ⅲ
称量瓶＋ $Na_2C_2O_4$（原重 g）			
称量瓶＋ $Na_2C_2O_4$（倾出后重 g）			
$Na_2C_2O_4$质量/g			
$KMnO_4$初读数/mL			
$KMnO_4$终读数/mL			
$KMnO_4$净用量/mL			
$KMnO_4$浓度/(mol·L^{-1})			
$KMnO_4$浓度平均值/(mol·L^{-1})			
相对平均偏差/%			

五、思考题

1. 配制 $KMnO_4$溶液时，为何要加热煮沸并要放置数日？

2. $KMnO_4$溶液配制过程中要用微孔玻璃漏斗过滤，过滤后滤器上沾污的物质是什么？应选用什么物质清洗干净？

3. 盛放 $KMnO_4$溶液的棕色瓶子的瓶塞能否用橡皮塞？为什么？

4. 溶液酸度对滴定结果有影响吗？为什么？调节溶液酸度时，可否用盐酸或硝酸？

5. 用 $Na_2C_2O_4$标定 $KMnO_4$溶液时，应注意哪些重要的滴定条件？

实验6 过氧化氢含量的测定

姓名__________ 序号__________指导老师__________实验日期__________

一、实验目的

二、实验原理

三、仪器与试剂

四、实验数据处理

1. H_2O_2含量的计算公式：

2. 数据表格

项目 次序	Ⅰ	Ⅱ	Ⅲ
$KMnO_4$浓度/（$mol \cdot L^{-1}$）			
$KMnO_4$初读数/mL			
$KMnO_4$终读数/mL			
$KMnO_4$用量/mL			
H_2O_2含量/（$g \cdot L^{-1}$）			
H_2O_2平均含量/（$g \cdot L^{-1}$）			
相对平均偏差/%			

五、思考题

1. 本实验中的两种溶液是否都是氧化剂？为什么？

2. 用$KMnO_4$法测定H_2O_2时，能否用HNO_3、HCl或HAc来控制酸度？为什么？

实验 7　硫代硫酸钠标准溶液的配制及标定

姓名__________　序号__________指导老师__________实验日期__________

一、实验目的

二、实验原理

三、仪器与试剂

四、实验数据及处理

1. $KBrO_3$的称量（g）

	样品 1	样品 2	样品 3
初始质量 W_1/g			
终质量 W_2/g			
$KBrO_3$称取量/g			

2. 硫代硫酸钠溶液浓度（mol/L）的计算公式

	样品 1	样品 2	样品 3
$Na_2S_2O_3$初体积 V_1/mL			
$Na_2S_2O_3$终体积 V_2/mL			
消耗 $Na_2S_2O_3$体积/mL			
$Na_2S_2O_3$溶液浓度/(mol/L)			
平均值/(mol/L)			
相对平均偏差/%			

五、思考题

1. 配制 $Na_2S_2O_3$ 标准溶液时，为什么要用煮沸的去离子水？加 Na_2CO_3 的目的是什么？

2. 用 $KBrO_3$ 作基准物标定 $Na_2S_2O_3$ 溶液时，为什么要加过量的 KI？

3. 加入 KI 后，如不加酸放置暗处，或加酸后不放置暗处，会产生什么影响？

4. 淀粉指示剂为何不在滴定开始时加入？

实验 8　铜盐中铜含量的测定

姓名__________　序号__________指导老师__________实验日期__________

一、实验目的

二、实验原理

三、仪器与试剂

四、实验数据及处理

1. 铜含量（g/L）计算公式：

2. 记录表格

	Ⅰ	Ⅱ	Ⅲ
$Na_2S_2O_3$ 浓度/($mol \cdot L^{-1}$)			
$Na_2S_2O_3$初体积 V_1/mL			
$Na_2S_2O_3$终体积 V_2/mL			
消耗 $Na_2S_2O_3$体积/mL			
铜盐含量/(g/L)			
平均值/(g/L)			
相对平均偏差/%			

五、思考题

1. 测铜含量时，为什么要加 H_2SO_4？是否可以加入 HCl？为什么？

2. 可否用 NH_4SCN 代替 KSCN？

实验9　水中微量铁含量的测定——目视比色法和分光光度法

姓名__________　序号__________指导老师__________实验日期__________

一、实验目的

二、实验原理

三、仪器与试剂

四、实验数据及处理

1. 邻菲罗啉-铁吸收曲线绘制：

记录表格：

λ	440	450	460	470	480	490	500	510	520	530	540	550	560
A													

吸收曲线（采用坐标纸绘制，粘贴）：

2. 标准曲线及未知样浓度

浓度计算：

加入标液体积/mL	0	0.2	0.4	0.6	0.8	1.0	未知样(1.0 mL)
标准溶液浓度/(μg/mL)							
吸光度 A							

标准曲线（采用坐标纸绘制，粘贴）：

五、思考题

1. 目视比色法和分光光度法的实验原理有何异同？

2. 实验中加入的三种试剂，盐酸羟胺、HAc-NaAc 和邻菲罗啉各起什么作用？

3. 溶液的酸度对邻菲罗啉-铁的吸光度有何影响？

4. 在本实验的各项测定中，哪些试剂的加入量要比较准确，哪些试剂则可不必精准，为什么？

5. 什么是空白溶液？在本实验中采用何种空白？

实验 10　亚铁盐含量的测定——电位滴定法

姓名__________　序号__________ 指导老师__________ 实验日期__________

一、实验目的

二、实验原理

三、仪器与试剂

四、实验数据处理

1. $K_2Cr_2O_7$的浓度

称量瓶＋ $K_2Cr_2O_7$(原重 g)	
称量瓶＋ $K_2Cr_2O_7$(倾出后重 g)	
$K_2Cr_2O_7$ 称取量/g	
$K_2Cr_2O_7$浓度/($mol \cdot L^{-1}$)	

2. 电位滴定数据

$V_{滴定剂}$/mL	E/mV	$\Delta E/\Delta V$	$V'_{滴定剂}$/mL	$\Delta^2 E/\Delta V^2$	$V''_{滴定剂}$/mL

3. 用二级微商计算法求电位滴定终点时 $K_2Cr_2O_7$ 的消耗体积：

4. 计算试样中 Fe^{2+} 的含量

5. 根据数据用坐标纸作出下列图形，并在图中确定滴定终点。

（1）$E-V$ 曲线（贴图区）

（2）$\Delta E/\Delta V-V$ 曲线（贴图区）

（3）$\Delta^2 E/\Delta V^2-V$ 曲线（贴图区）

五、思考题

1. 实验中加 H_3PO_4 的作用是什么？

2. 为什么本实验选用铂电极作指示电极？

3. $E-V$ 曲线上的化学计量点位置，是否在突跃的中点？为什么？

实验 11　离子选择性电极法测定水中微量 F^- 的含量

姓名__________　序号__________指导老师__________实验日期__________

一、实验目的

二、实验原理

三、仪器与试剂

四、实验数据及处理

1. 实验数据

V_{F^-} /mL	1.00	2.00	3.00	4.00	5.00	x	$x+c_\Delta$
c_{F^-} /(μg/mL)							
$\lg c_{F^-}$							
E/mV							

2. 利用坐标纸，绘制 $\lg c_F - E$ 标准曲线，并在图中标出 $\lg c_x$。

贴图区：

3. 水样中 F^- 的含量为：

五、思考题

(1) 用氟离子选择性电极测得的是 F^- 的浓度还是活度？如要测得 F^- 的浓度，应该怎么办？

(2) 总离子强度调节缓冲剂由哪些组分构成？各组分有何作用？

实验 12　可溶性硫酸盐总量的离子交换法测定

姓名__________　序号__________指导老师__________实验日期__________

一、实验目的

二、实验原理

三、仪器与试剂

四、实验数据记录（表格自拟）

计算：1. 滴定消耗 NaOH 标准溶液体积的平均值与相对平均偏差

2. 未知试样中可溶性硫酸盐总量（以 Na_2SO_4 计，g/L）

五、实验现象及关键问题分析

六、思考题

1. 本实验的原理是什么？

2. 离子交换分离的操作步骤有哪些？

3. 为什么必须使交换柱中水面始终比树脂层高出 2 cm？

【附录 7】　仪器分析实验预习报告

实验 1　混合物的气相色谱分析——归一化定量法

姓名__________　序号__________ 指导老师__________ 实验日期__________

1. 简述气相色谱仪的基本结构。

2. 写出定量校正因子（质量校正因子）的定义及其计算公式。

3. 列举几种常用的定量计算方法。

4. 写出归一化定量法的优缺点以及各组分质量分数 ω_i 的计算公式。

5. 写出本实验的色谱实验条件（如：气化室温度、柱温、检测器温度、载气种类和流量、检测器类型、进样量等）。

实验 2　邻二甲苯中杂质的气相色谱分析——内标定量法

姓名__________　序号__________指导老师__________实验日期__________

1. 简述何为色谱分析中的内标定量法。

2. 简述内标定量法对内标物质有何要求。

3. 写出内标定量法的优缺点以及未知试样中甲苯质量分数 ω_i 的计算公式。

4. 写出本实验的色谱实验条件（如：气化室温度、柱温、检测器温度、载气种类和流量、检测器类型、进样量等）。

实验 3　高效液相色谱柱效能的测定

姓名__________　序号__________指导老师__________实验日期__________

1. 简述高效液相色谱仪的基本结构。

2. 列举出高效液相色谱与气相色谱的几点主要区别。

3. 简述本实验如何进行高效液相色谱柱效能的测定。

4. 写出本实验的色谱实验条件（如：色谱柱类型和规格、流动相、检测器类型、进样量等）。

实验 4　混合色素溶液中柠檬黄和日落黄浓度的测定——双组分分光光度分析法

姓名__________　序号__________指导老师__________实验日期__________

1. 简述分光光度计的基本构造及光度法分析的基本原理。

2. 简述你所知道的混合液中各组分含量分析的方法。

3. 摩尔吸光系数是否会随波长改变，为什么?

4. 写出双组分混合液中各组分浓度计算公式。

实验 5　紫外分光光度法测定微量硝酸钾的含量

姓名__________　序号__________指导老师__________实验日期__________

1. 简述紫外-可见分光光度计的光源及其作用。

2. 什么叫吸收曲线？吸收曲线有何作用？

3. 为什么紫外分光光度法可用于微量硝酸钾的测定？

4. 紫外分光光度法与原子吸收分光光度法的主要区别是什么？

实验 6　原子吸收光谱法测定自来水中钙、镁的含量

姓名__________　序号__________指导老师__________实验日期__________

1. 简述原子吸收光谱法的原理，以及与原子发射光谱的区别？

2. 原子吸收光谱仪由哪几部分构成？各有何作用？

3. 为何原子吸收光谱法要用待测元素的空心阴极灯作光源？

4. 简述原子吸收光谱法中标准曲线法的适用范围。

实验 7　荧光光度分析法测定维生素 B_2 含量

姓名__________　序号__________指导老师__________实验日期__________

1. 简述荧光发射的过程和荧光分析法的基本原理。

2. 维生素 B_2 为何具有荧光发射性质。

3. 分子荧光光度分析法和分子吸收光度法相比有哪些优点和局限性。

4. 为何荧光发射波长一般较激发波长长？

实验 8 苯甲酸红外吸收光谱的测绘——KBr 压片法制样

姓名__________ 序号__________指导老师__________实验日期__________

1. 红外光谱测绘时，对固体试样的制样有何要求？

2. 影响红外光谱吸收峰位变化的主要因素是什么？

3. 试预测苯甲酸的红外光谱图中相应的特征吸收峰位置。

实验 9　气相色谱 $H-u$ 曲线的绘制

姓名__________　序号__________指导老师__________实验日期__________

1. 简述本实验的基本原理。

2. 写出本实验的计算公式以及公式中各符号的含义。

3. 写出本实验的色谱条件（如气化室温度、柱温、检测器温度、载气种类和不同流量值、检测器类型、进样量等）。

实验 10　硫、磷混合酸的电位滴定

姓名__________　序号__________指导老师__________实验日期__________

1. 简述电位滴定的基本原理。

2. 详述本实验的操作步骤。

3. 写出本实验的计算公式。

【附录 8】 仪器分析实验报告

实验 1 混合物的气相色谱分析——归一化定量法

姓名__________ 序号__________指导老师__________实验日期__________

一、实验目的

二、实验原理

三、仪器与试剂（型号、规格）

四、实验数据及处理

1. 实验条件

2. 数据表格及处理

(1) 定量校正因子的测定

	m/g	A			m_i/m_s	A_s/A_i	f_i
		1	2	平均值			
环己烷							
甲苯							
乙酸正丁酯							
二甲苯							

(2) 归一化法计算各组分质量分数

	环己烷	甲苯	乙酸正丁酯	对二甲苯
保留时间 t_R/min				
质量校正因子 f_i				
峰面积 A				
质量分数 ω_i/%				

五、思考题

(1) 归一化法定量有何特点?使用该方法应具备什么条件?

(2) 在色谱定量分析中,为什么需要测定被测组分的相对质量校因子 f_i?

(3) 由实验得到的氢火焰离子化检测器的校正因子,能否用于其他检测器,为什么?

(4) 保留值在色谱定性中有什么意义?

实验 2　邻二甲苯中杂质的气相色谱分析——内标定量法

姓名__________　序号__________指导老师__________实验日期__________

一、实验目的

二、实验原理

三、仪器与试剂（型号、规格）

四、实验数据及处理

1. 实验条件

2. 数据表格及处理

(1) 记录各色谱图上甲苯与环己烷的色谱峰面积值，及各溶液相应的甲苯与环己烷的重量比 m_i/m_s 和峰面积比 A_i/A_s

编号	甲苯峰面积 A_i	环己烷峰面积 A_s	甲苯/环己烷	
			m_i/m_s	A_i/A_s
1				
2				
3				
4				
未知样				

(2) 绘制 $A_i/A_s-m_i/m_s$ 的标准曲线图，并计算直线回归方程和相关系数；根据未知样品的 A_i/A_s 值，于标准曲线上查出或计算出相应的 m_i/m_s 值（用坐标纸作图）。

贴图区：

五、思考题

1. 内标定量法有何优点？对内标物有何要求？

2. 实验中是否要严格控制实验条件？为什么？

3. 在内标标准曲线法中，是否需要校正因子？为什么？

实验 3　高效液相色谱柱效能的测定

姓名__________　序号__________指导老师__________实验日期__________

一、实验目的

二、实验原理

三、仪器与试剂（型号、规格）

四、实验数据及处理

1. 实验条件

2. 数据表格及处理

	甲苯	萘	联苯
t_R/min			
$Y_{1/2}$/min			
Y/min			
n/块			
R			

五、思考题

1. 紫外光度检测器是否适用于所有有机化合物的检测，为什么？

2. 若实验获得的色谱峰太小，应如何调整实验条件？

3. 若实验中的色谱峰不能完全分开，应如何改善实验条件使色谱峰达到完全分离？

4. 由本实验计算所得的各组分理论塔板数说明什么？

5. 比较实验测得的甲苯、萘和联苯的 n 值大小，并说明为什么用同一根色谱柱分离不同组分，n 值不同？

实验 4　混合色素溶液中柠檬黄和日落黄浓度的测定——双组分分光光度分析法

姓名＿＿＿＿＿　序号＿＿＿＿＿指导老师＿＿＿＿＿实验日期＿＿＿＿＿

一、实验目的

二、实验原理

三、仪器与试剂（型号、规格）

四、实验数据及处理

1. 数据表格

	柠檬黄			日落黄			未知样
溶液体积/mL	1.00	3.00	5.00	1.00	3.00	5.00	5.00
溶液浓度/(g/L)							
A_{426nm}							
ε_{426nm}							
$\bar{\varepsilon}_{426nm}$							
A_{482nm}							
$\bar{\varepsilon}_{482nm}$							
$\bar{\varepsilon}_{482nm}$							

2. 浓度计算公式：

五、思考题

1．双组分分光光度分析的依据是什么？

2．本实验中配制溶液时为何加入乙酸铵？

3．如何测定不同波长处溶液的摩尔吸光系数？

4．如何进行双组分分光光度分析？

实验5　紫外分光光度法测定微量硝酸钾的含量

姓名__________　序号__________指导老师__________实验日期__________

一、实验目的

二、实验原理

三、仪器与试剂（型号、规格）

四、实验数据及处理

1. 吸收曲线的绘制

（1）吸收曲线记录表

λ/nm	260	270	280	290	300	310	320	330	340	350	360	370
A												

（2）利用坐标纸，以 λ 为横坐标，为 A 纵坐标，绘制 $A-\lambda$ 曲线，并找出最大吸收波长。

贴图区：

2. 标准曲线的绘制

（1）标准曲线记录表

V/mL	2.00	4.00	6.00	8.00	10.00
c/（mg/mL）					
A					

（2）利用坐标纸，以 c 为横坐标，A 为纵坐标，绘制 $A-c$ 标准曲线。

贴图区：

3. 未知样品的测定（计算出原始试样中硝酸钾的浓度）

五、思考题

1. 为什么紫外分光光度法可用于微量硝酸钾的测定？

2. 在紫外分光光度法中吸收曲线和标准曲线有什么实用意义？

实验 6　原子吸收光谱法测定自来水中钙、镁的含量

姓名__________　序号__________指导老师__________实验日期__________

一、实验目的

二、实验原理

三、仪器与试剂（型号、规格）

四、实验数据及处理

1. 实验条件

2. 数据表格及处理

钙的测定	钙标准溶液体积/mL						待测水样
	钙标准溶液浓度/($\mu g \cdot mL^{-1}$)						
	吸光度 A						
镁的测定	镁标准溶液体积/mL						待测水样
	镁标准溶液浓度/($\mu g \cdot mL^{-1}$)						
	吸光度 A						

3. 标准曲线绘制（贴图区）：

4. 样品测试结果

五、思考题

（1）在原子吸收分析中，如何选择最佳的实验条件？

（2）能否用氘灯或钨丝灯代替空心阴极灯作原子吸收分析光源？为什么？

（3）从安全上考虑，在实验操作上应注意哪些问题？

实验 7　荧光光度分析法测定维生素 B_2 含量

姓名__________　序号__________指导老师__________实验日期__________

一、实验目的

二、实验原理

三、仪器与试剂

四、实验数据及处理

1. 荧光最大激发和发射波长为__________和__________。

2. 实验数据记录：

样品编号	加入维生素 B_2 体积/mL	维生素 B_2 浓度/$\mu g \cdot mL^{-1}$	荧光强度
1	1.00		
2	2.00		
3	3.00		
4	4.00		
5	5.00		
未知样			

3. 计算原试样中维生素 B_2 的含量。

五、思考题

1. 试解释荧光光度法较吸收光度法灵敏度高的原因？

2. 实验为何在酸性溶液中进行测定？

3. 荧光发射波长是否与激发波长有关？

4. 荧光分光光度计与紫外分光光度计有何异同？

实验 8　苯甲酸红外吸收光谱的测绘——KBr 压片法制样

姓名__________　序号__________指导老师__________实验日期__________

一、实验目的

二、实验原理

三、仪器与试剂（型号、规格）

四、实验数据及处理

1. 红外光谱图（贴图区）

2. 红外光谱特征吸收分析

（1）苯环的测定

(2) 羧基的测定

五、思考题

1. 研磨试样时，为什么要求研磨至 2 μm 左右？

2. 为什么 IR 测试时要求干燥的条件？

3. 红外谱图解析的一般过程是什么？

4. 你认为要做好本实验应注意哪些问题？

实验9　气相色谱中 *H*—*u* 曲线的测绘

姓名________　序号________ 指导老师________ 实验日期________

一、实验目的

二、实验原理

三、仪器与试剂（型号、规格）

四、实验数据及处理

1. 将测得的 t_M、t_R 及 $Y_{1/2}$ 数据及 n、H 和 u 计算结果列于下表：

$Fo/mL \cdot min^{-1}$	t_M/min			t_R/min			$Y_{1/2}/min$	n/块	H/mm	$u/cm \cdot s^{-1}$
	1	2	平均值	1	2	平均值				
10										
20										
30										
40										
50										
60										
70										

2. 利用坐标纸，以为 u 横坐标、H 为纵坐标，绘制甲苯的 $H-u$ 曲线图，并从曲线上求出 H_{min} 和 u_{opt} 值。

贴图区：

3. 计算在 u_{opt} 下色谱柱的塔板数。

五、思考题

1. 测定色谱柱的 $H-u$ 关系曲线有何实用意义？

2. 实际工作中，怎样选择最佳载气流速？

实验 10　硫、磷混合酸的电位滴定

姓名__________　序号__________指导老师__________实验日期__________

一、实验目的

二、实验原理

三、仪器与试剂（型号、规格）

四、实验数据及处理

1．实验数据

粗测

V/mL	0	1	2	3	4	5	6	7	8	9	10
pH											

细测

V/mL	
pH	
ΔpH/ΔV	
V'	
Δ^2pH/ΔV^2	
V''	

V_{ep1}＝____________mL　V_{ep2}＝__________mL

2. 利用坐标纸，绘制 $pH-V$，$\Delta pH/\Delta V-V$，$\Delta^2 pH/\Delta V^2-V$ 标准曲线，并在图中标出 V_{ep1} 和 V_{ep2}。

贴图区：

3. 利用二级微商法求出终点体积 V_{ep1} 和 V_{ep2}，计算原始试液中 SO_3 和 P_2O_5 的含量，以 $g \cdot L^{-1}$ 表示。

五、思考题

1. 在测定混合酸各组分含量时，为什么采用粗测和细测两个步骤？

2. 测定混合酸时出现两个突跃，各说明何种物质与 NaOH 发生了反应？生成物是什么？

参考文献

[1] 东华大学化学化工学院基础化学教研组. 基础化学实验[M]. 2 版. 上海:东华大学出版社,2011.

[2] 华东理工大学分析化学教研组,四川大学工程化学基础课程教学基地. 分析化学[M]. 6 版. 北京:高等教育出版社,2009.

[3] 武汉大学,等. 分析化学实验[M]. 5 版. 北京:高等教育出版社,2011.

[4] 朱明华,胡坪. 仪器分析[M]. 4 版. 北京:高等教育出版社,2008.

[5] 华中师范大学,东北师范大学,陕西师范大学. 分析化学实验[M]. 2 版. 北京:高等教育出版社 . 1987.

[7] 成都科学技术大学,浙江大学分析化学教研组. 分析化学实验[M]. 北京:高等教育出版社,1989.

[8] 张济新,等. 分析化学实验[M]. 上海:华东理工大学, 1989.

[9] 刘约权,李贵深. 实验化学[M]. 北京:高等教育出版社,1999.

图书在版编目(CIP)数据

分析化学实验 / 邵超英，刘栋良，刘慧青主编；东华大学化学化工与生物工程学院分析化学教研室编著. —上海：东华大学出版社，2018.3
ISBN 978-7-5669-1372-2

Ⅰ.①分… Ⅱ.①邵… ②刘… ③刘… ④东… Ⅲ.①分析化学—化学实验—高等学校—教材 Ⅳ.①O652.1

中国版本图书馆CIP数据核字(2018)第032889号

责任编辑：竺海娟
封面设计：魏依东

分析化学实验

Fenxi Huaxue Shiyan

东华大学化学化工与生物工程学院分析化学教研室 编著
邵超英 刘栋良 刘慧静 主编

出　　版：东华大学出版社(上海市延安西路1882号 邮政编码:200051)
本社网址：dhupress.dhu.edu.cn
天猫旗舰店：http://dhdx.tmall.com
营销中心：021-62193056 62373056 62379558
印　　刷：上海锦良印刷厂有限公司
开　　本：787 mm×1092 mm 1/16
印　　张：12.5
字　　数：300千字
版　　次：2018年3月第1版
印　　次：2025年1月第3次印刷
书　　号：ISBN 978-7-5669-1372-2
定　　价：42.00元